元素で読み解く
生命史

山岸明彦
Yamagishi Akihiko

インターナショナル新書 122

はじめに

生物の情報は遺伝子に記録されている

ヒトも、植物も、微生物も、生物の細胞は水が7割前後、残りの大部分は有機化合物でできている。有機化合物の約半分は、タンパク質である。

タンパク質はアミノ酸が数十個から数百個結合したものである。生物は20種類のアミノ酸を使っているが、その20種類のアミノ酸は遺伝情報で決められた配列で結合し、タンパク質をつくる。できたタンパク質は遺伝情報で決められている構造をとり、筋肉の動きや神経の働き、さらに触媒反応など、生物のほとんどの機能を発揮する。

たとえば筋肉のタンパク質であるアクチンとミオシンは、決まった構造をとって筋肉細胞を収縮させる。神経細胞表面のタンパク質は、神経シグナルを伝達する。細胞の中には酵素と呼ばれる触媒タンパク質が含まれている。酵素は触媒として機能し、ある分子を他の分子に変える。

こうしたタンパク質の構造と機能は、遺伝子に記録されている。つまり遺伝子は、タンパク質の構造と機能の設計図といえる。そして、その設計図はＤＮＡにＡＣＧＴの文字で記録されている。ＤＮＡというのは核酸と呼ばれる細長い分子で、そこにＡＣＧＴと略される塩基が文字のように並んで設計情報を記録している。

元素を利用することで、人類は進化した

ＤＮＡ上の遺伝情報は、いったんＲＮＡに写し取られたのちに翻訳され、タンパク質となる。そのタンパク質に、生物のほとんどすべての機能が担われている。

それではＲＮＡとは何か。ＲＮＡはＤＮＡと同じ核酸の一種である。ＤＮＡと分子の構造がほんの少し異なっているが、ＤＮＡと同じように遺伝情報を記録することができる。

「ＲＮＡは遺伝情報の単なるコピーである」と以前は考えられていたが、今ではＲＮＡが遺伝の仕組みの本質的機能を担っていることがわかってきた。では、そのＲＮＡは何からできているのか。

ＲＮＡは塩基とリボース、それにリン酸で構成されている。さらに元素にまで分解すると、ＲＮＡは炭素（Ｃ）、水素（Ｈ）、酸素（Ｏ）、窒素（Ｎ）、リン（Ｐ）からできている。なぜＲＮＡは炭素を、さらには水素、酸素、窒素、リンを使うのだろう。

そして生物は進化する。もちろん人類も生物ではあるが、人類は他の生物とは異なる進化をしてきた。

人類は、火や道具を使うことによって進化した。それでは火の利用や、道具の使用、さらにその製作は、どのようなきっかけではじまり、集団に伝わったのだろう。

動物の行動は本能に従っているが、その本能の行動様式も遺伝子に記録されている。もし火の利用や、道具の使用・製作が本能に基づいて行われるのであれば、遺伝子に変化が起こらなければならない。遺伝子の変化は完全にでたらめに起きるので、生存に有利な変化が蓄積するためには何万年もかかってしまう。

生物は身体の構造を変えて進化する。しかし、人間は身体の構造を数千年のあいだでは変化させていない。人間は身体の構造を変えることなく、道具をつくることで様々な能力を身に付けてきた。

人間のつくり出した道具は、わずか数千年で飛躍的な進歩を遂げた。なぜ人類はこんなにも速く、使用する道具を進歩させられたのか。

また、人類は道具をつくるのに、身近にある元素を利用してきた。身近といっても、利用可能な元素は、その時代の技術力によって変わってくる。最初は自然の中で手に入る元素をそのまま使っていたが、やがて精錬して利用するようになっていった。

人類文明史に、動物としての変化は関わっていない

動物が身体を進化させてきたのに対して、人間は道具を進歩させてきた。人間は、そのとき利用可能なものがあればそれを利用する。そのとき人間は考えない。

地球に生命が誕生してから約41億年、多細胞生物が現れてから数億年。その間、動物の遺伝子には様々な変異が起き、その中から環境に適応した変異が選択されてきた。一方、人間の遺伝子は文明史の時間では、ほとんど変わっていない。道具と技術の進歩には、ヒトの動物としての進化は関わっていないといえる。

それでは道具と技術の進歩は、なぜ速かったのか。それは「情報の進化速度」が速かったからだ。人類文明史において、情報は「遺伝子以外」の形で蓄積されてきた。まずは高度な言語と文字の使用が、人類の文明発達に対し、大きく寄与した。人間は、言語と文字で情報を記録し、伝えることによって、動物よりもはるかに速い速度で環境に適応してきた。

カギは元素が握る

本書は元素に着目し、地球の生命を論じている。

第1章では、「どのような元素を使って、生命は誕生したのか」、生命と元素の関係を説く。第2章では、「その元素は、どこでどのように誕生したのか」、また「それはどのように地球に

もたらされたのか」を確認する。第3章では「生命41億年の歴史の中で何が起きたのか」、さらには「そのとき元素はどう使われたか」、生命史における元素の関与を調べる。第4章では「元素が人類史でどのように使われたのか、それはなぜか」を推察する。そして最終章である第5章では、元素利用と人類進化の方向性を探る。

生命はどのように誕生したか、そのとき生命はどのように元素を使ってきたのか。生命と人類はどのように進化したか。そのとき、どのように元素を使ってきたのか。生命と人類の元素利用の歴史を読み解いていく。

宇宙の誕生から人類の未来まで、生命と人類進化のカギは元素が握っている。そのとき生命は考えない。

目次

第1章　元素と生命の関係

ジャンボジェットが自動的にできた、どんなに奇跡的か

ビッグバンの名付け親である天文学者のフレッド・ホイルによると、「最も単純な単細胞生物に必要な酵素がすべてつくられる確率は、10の4万乗分の1」だという。これは「竜巻が廃品置き場を通り過ぎたあとに、ボーイング747ジャンボジェット機ができ上がっているのと同じ確率」だという。では、ジャンボジェット機には、どれほどの部品が使われているのか。ジャンボジェット機には、およそ600万個の部品が使われている。そんなものが、自然に完成することなどあり得るだろうか。

その質問には、もちろん即座に答えることができる。「そんなことは、あり得ない」と。

ヒトの身体はどうできた

一方、ヒトの身体は、約37兆個の細胞からつくられている。この数はジャンボジェット機を構成する部品数よりも、はるかに多い。ところが、ヒトの身体は誰かが組み立てたわけではない。母親の子宮の中で、赤ん坊の身体は自然につくられる。生まれてからはミルクを飲んで育ち、食事をとり成長していく。

そのあいだも身体はつくられ続けるが、そうした過程も自然に進行する。ジャンボジェット機よりもはるかに多くの部品、ヒトの約37兆個の細胞は、ヒトの身体を自然に構成している。

もちろん、こうした仕組みは、いきなり完成したわけではない。このような複雑なシステムが誕生した謎を解くカギは進化にある。進化を考えなければ、「およそ37兆個もの細胞が、ヒトの身体を自然に構成する」といったシステムが生み出されることはない。

最初のヒト（*Homo sapiens*）が誕生する前には、様々な生命の歴史があった。ヒトの祖先である原人は、およそ250万〜200万年前に猿人から分岐して誕生した。その猿人が誕生したのは、今から数百万年前のことである。

最初の猿人が誕生する前には、長い哺乳類の歴史があった。哺乳類の祖先は今から2億2500万年前に誕生した。それ以前にも、生命には長い歴史があるが、それを振り返るのは後の章に譲ることにしよう。

時代を一気に40億年ほど前までさかのぼると、現在生きているすべての生物（動物も植物もカビも細菌も含めて）は、一つの共通する祖先から誕生した。その全生物の共通祖先は、コモノート（あるいはLUCA〈ルカ〉）と呼ばれている。

コモノートが誕生する前にも、生命には1億年ほどの歴史がある。コモノートにつながる「最初の生命」は、RNA細胞であった。最初の生命であるRNA細胞については、本章の後半で詳しく説明するが、はたして生命の起源を考えるとき、RNA細胞は本当に自然に偶然に誕生するのだろうか？

水はどこから来たのか

そもそも生物の身体を構成する材料は、どこでつくられたのだろうか。生物の身体の約70パーセントは、水でできている。ヒトであれ、植物であれ、大腸菌であれ、どのような生物であっても、その比率はほぼ変わらない。

では、その水はどこで生み出されたのか。水は宇宙でつくられた。宇宙空間で最も多い分子は水素分子（H_2）で、その次に多いのが水と一酸化炭素である。

水の分子は、宇宙空間に多量にある。とはいっても、宇宙空間は地球上のどのような真空よりも、さらに何もない完全真空である。その密度は非常に低いのだが、宇宙空間が膨大なので水分子の全量は多い。

暗黒星雲（専門的には分子雲と呼ぶ）では、様々な分子がどんどん濃縮している。その過程で、非常に薄く宇宙空間にばらまかれた水分子もまた次々と濃縮していく。濃縮された水分子は低温の宇宙空間で氷となり、他の元素や分子とともに塊となる。

宇宙で塊となった氷は、どのようなプロセスを経て地球の表面にたどり着いたのか。これについては、まだ詳しいことはわかっていない。よくわかってはいないが、おそらく地球が生まれたときに、水も一緒に宇宙から取り込まれたのか。あるいは地球が生まれた後に彗星や隕石によって運ばれてきて、地球の水の起源となったのかもしれない。

いずれにせよ、宇宙で生成された水が、およそ46億年前の生まれたての地球へやってきたことは間違いない。つまり、生物の材料のうち、水は宇宙でつくられてから地球にたどり着いた。

生命の定義はまだない

では、そのほかの生物の材料は、どこから来たのか。まずは「そもそも生物とは何か」ということから考えよう。

生物とは何か、何をもって生物と呼ぶのか。じつのところ、その質問に対する答えはまだない。もちろん「生物とは何か」という問題を論文として発表している研究者も、世界には200人ほどいる。ところが研究者によって、その答えは異なっている。

「生物とは何か」について考える研究者が200人いれば、その答えは200通り存在し、それぞれ微妙に違ってくる。したがって、「すべての研究者が同意する答えは、まだ見つかっていない」というのが、「生物とは何か」について考える研究者たちの一致した見解である。

たとえば、「増殖する」ことを、生命の基本的な性質だと考える研究者がいたとする（おそらく、そう考える研究者は多い）。ところが、「ウサギが1匹でいても、増殖しないではないか」「ミツバチが1匹いても増殖しないではないか」という議論が真面目に、生命の定義を研究する論文中に書かれている。ウサギが増殖するためには、若い健康なメスと若い健康なオスのウサギがいなければならないからだ。

また、ミツバチが増殖するためには、女王バチを中心としたひと群れのミツバチの集団が必要である。つまり「増殖すること」を定義とすると、1匹のウサギも1匹のミツバチも、さらには1人のヒトも生物ではなくなってしまうわけである。というわけで、「増殖する」という定義は、生命研究者のあいだでは評判が悪い。

しかし、微生物の場合を考えてみよう。たとえば微生物の細胞が生きているかどうかは、どのように判定するか。顕微鏡で観察したとしても、微生物の細胞の生死を判定するのは難しい。専門の研究者であっても、普通の明視野顕微鏡で観察しただけでは「その微生物の細胞が生きているかどうか」を判定するのは不可能である。

では、微生物の細胞1個を寒天培地の上に載せて、その細胞が増殖してコロニー（多数の細胞の塊）を形成したとすればどうだろう。その微生物細胞は、間違いなく生きているといえる。こと微生物に関しては、「増殖する」という現象は、生命を考える上で大いに役立つ性質である。本章でも「増殖する」ということを、最初の生命を見分けるための判断材料にしてみよう。

なぜ生命の誕生が難しいか

現在、地球上で生きている微生物の細胞は必要な物質、たとえばアミノ酸や糖などを培養液から取り込み、それらを使って自分の細胞をつくり出している。そして、自分の細胞の成分が最初の2倍ほどになると、その細胞は分裂する。

微生物にとって最も重要なのは、「タンパク質をつくる」ということである。タンパク質は我々の食べる栄養素でもある。我々は、食べたタンパク質を、いったんアミノ酸にまで分解する。そのアミノ酸から、我々は自分自身に必要なタンパク質を合成している。

筋肉もその一つだ。筋肉の主要なタンパク質である「ミオシン」と「アクチン」は、食べたタンパク質を分解したアミノ酸から合成される。微生物も同じことを細胞内で行う。もちろん微生物には筋肉がないので、ミオシンもアクチンもつくっていない。その代わり微生物に必要なタンパク質である酵素を合成している。

これらのタンパク質をつくるときに使われるのが、遺伝情報である。遺伝情報はDNAに記録されている。DNAに記録された遺伝情報を使って、たとえば筋肉などのタンパク質はつくられる。つまり、遺伝情報とはタンパク質をつくる際に、どのようにアミノ酸を結合するかを指示する指令書（設計図）である。

筋肉細胞は遺伝情報を使って、アクチンとミオシンを生成する。微生物も同じで、遺伝情報を使って自身を維持するのに必要なタンパク質を生み出している。

ここに「生命の起源」に関わる最大の謎が存在する。遺伝情報をもとにタンパク質がつくら

図1-1　生命の遺伝の仕組み

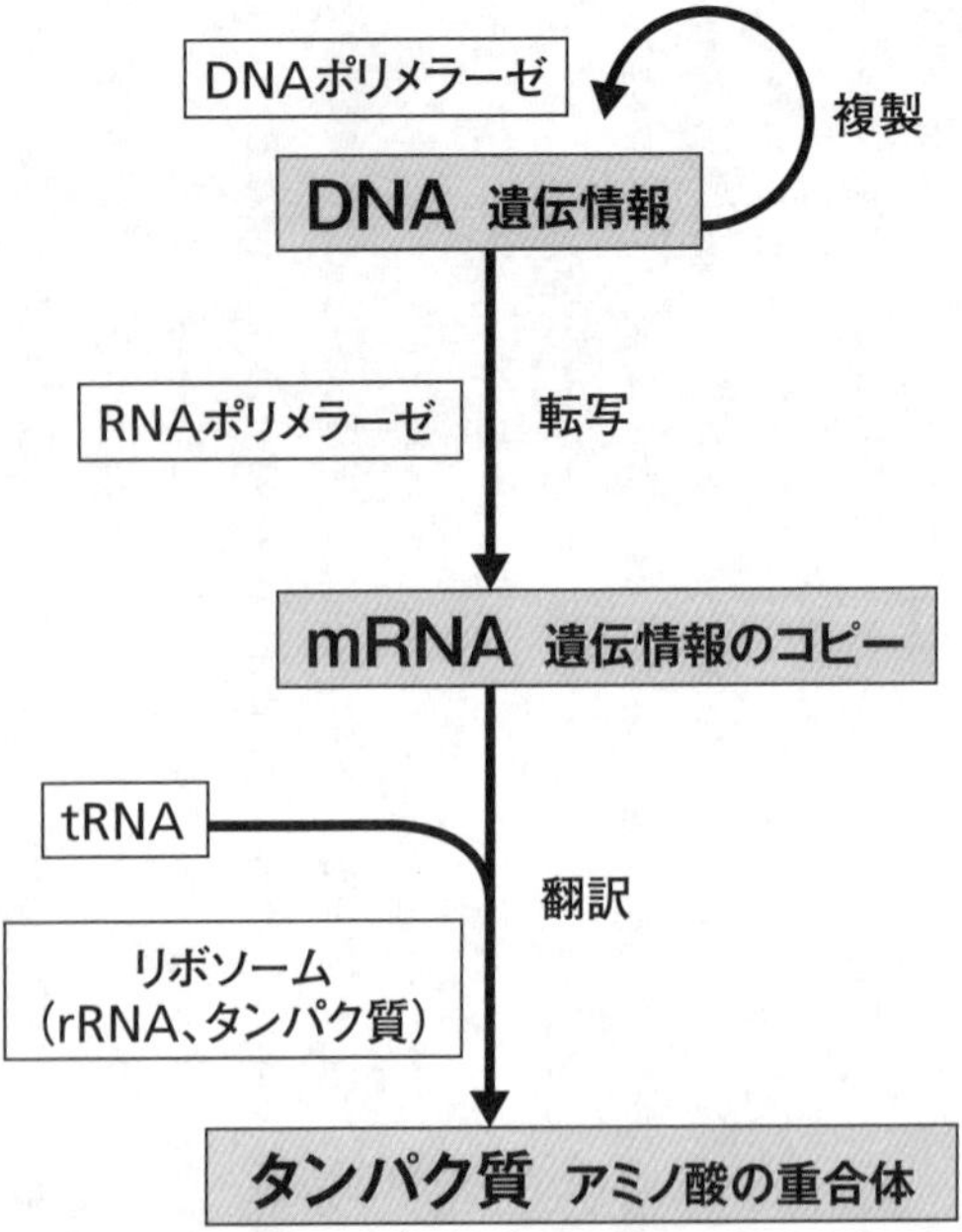

遺伝情報が記録されているDNAは、DNAポリメラーゼという酵素（タンパク質でできた触媒）により複製される。遺伝情報はRNAポリメラーゼという酵素でmRNAに写しとられる（転写）。mRNAの情報は、アミノ酸の結合したtRNAとリボソーム（rRNAというRNAとタンパク質の複合体）によってアミノ酸の並び順に翻訳される。アミノ酸が重合してできた鎖は、自然に折り畳まれて決まった構造となり、触媒機能を発揮する。決まった構造をとったアミノ酸の鎖は、タンパク質と呼ばれる。上記酵素はいずれも触媒機能をもったタンパク質である。

れるのであるが、遺伝情報からタンパク質を生成する過程にはタンパク質の関与が必要なのである（**図1－1**）。遺伝情報はDNAに記録されているが、DNAは触媒としての機能をもたない。逆に、タンパク質は触媒活性という機能をもっているが、遺伝情報を保持することができない。したがって、DNAの遺伝情報がなければタンパク質はできないが、逆にタンパク質の触媒活性がなければDNAの遺伝情報は機能を発現しない。これが生命の起源に関わる最大の謎である。

一方が誕生しても、他方がなければ意味をもたない。DNAが先に誕生したのか、タンパク質が先に誕生したのか。どちらが先だとしても、それがどのように誕生したのかが謎として残る。

この謎は「タマゴとニワトリのパラドックス」と呼ばれていた。タマゴが先に誕生したとすると、そのタマゴはどこから生まれたのか。ニワトリが先だとすると、そのニワトリはどこから生まれたのか。いずれにせよ、謎は解けないという意味である。

最初の生命はＲＮＡ細胞

このパラドックス解決のカギを握っているのが、ＲＮＡである。ＲＮＡとは何か。ＲＮＡはDNAと同じ核酸の一種である。ＲＮＡはDNAと分子の構造がほんの少し違っているが、D

ＮＡと同様に遺伝情報を記録することができる。たとえばコロナウイルスやインフルエンザウイルスはＲＮＡをもつが、ＤＮＡはもたない。ＲＮＡに遺伝情報を記録することができるので、ＤＮＡをもつ必要がないのである。

ＲＮＡに関わる最大の発見は、１９８０年代の「ＲＮＡは触媒機能をもつ」というものだった。「ＲＮＡは、ＲＮＡを切ったりつなげたりすることができる」という発見で、それがきっかけとなり、ＲＮＡは様々な機能をもち得ることが明らかとなった。こうした機能をもつＲＮＡ分子は「リボザイム」と呼ばれている。

ＲＮＡの本当の名前は「リボ核酸（Ribonucleic acid）」である。触媒機能をもつタンパク質を日本語では酵素、英語では「エンザイム（Enzyme）」という。リボ核酸とエンザイムをつなげてつくられた名前が「リボザイム（Ribozyme）」である。

リボザイムの発見の中でも決定的だったのは、ＲＮＡを複製できるリボザイムが見つかったことだ。このリボザイムはＲＮＡを複製できるので、「ＲＮＡ複製リボザイム」と呼ばれている。

ＲＮＡ複製リボザイムは、リボザイム自身がＲＮＡなので、自分自身を複製できる可能性がある。ＲＮＡの単量体（重合体をつくる単位の分子をいう。モノマーとも呼ばれる）が２００個ほど重合（多数の分子が結合すること）してリボザイムができれば、そのリボザイムは自分自身と同じ長さのＲＮＡを複製するということが実験的にわかってきた。つまり、ＲＮＡの単量体が200個ほど重合したものが、RNA複製リボザイムになり得るのである。

もっとも自分自身を複製するリボザイムは、今のところまだ発見されていない。これが見つかれば、生命の起源が解明されたことになる。重要なのは、RNAは触媒機能をもち、かつRNAを複製する能力をもち得るということである。

タマゴとニワトリのパラドックスの本質は、「遺伝情報はDNAが保持するが、タンパク質がなければDNAを複製することはできない」ということだ。ところが、「RNAは遺伝情報をもち、かつRNAはRNAを複製できる」ことがわかった。

「なんだ、RNAだけあればいいじゃないか」ということになったわけである。つまりRNA細胞の誕生こそが生命の起源といえる。こうした研究から、「地球上で最初に誕生したRNA細胞は、RNA複製リボザイムが脂質膜でつくられた球状構造の中に入ったものである」と考えられた。

では誕生したRNA細胞は、どのように増えていったのか、そのモデルを図1-2に示した。RNA細胞は、細胞の周りが脂質で囲まれていたと考えられる。これは現在の我々の身体をつくる細胞や微生物細胞と同じ構造だ。

ただ、最初のRNA細胞の中には、RNA複製リボザイムとその鋳型となる鋳型RNAしか入っていない。細胞の周りからRNAの単量体を取り込みながら、RNA複製リボザイムは鋳

図1-2　RNA細胞の複製

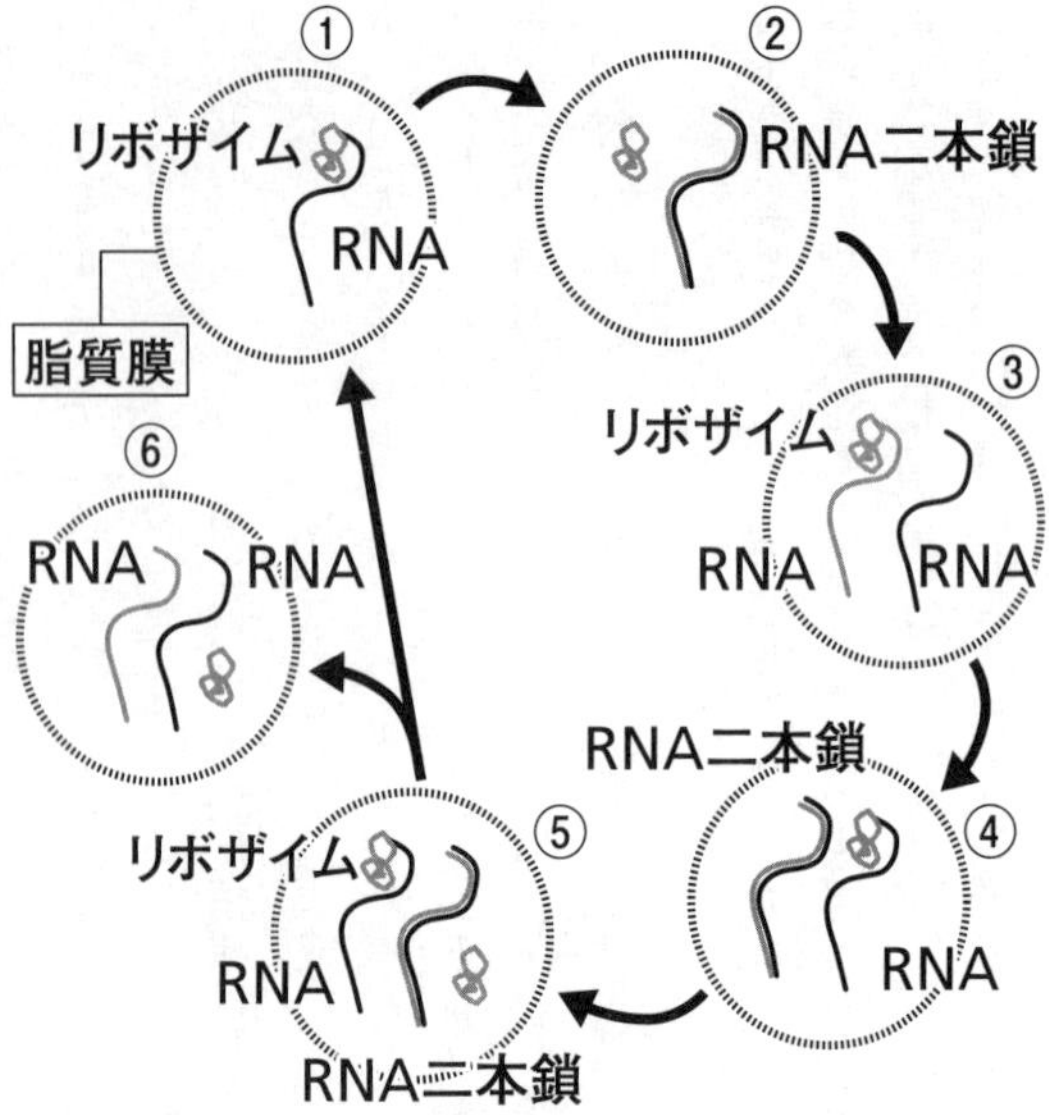

左上から時計回りに：①脂質膜の中に鋳型RNA（黒色線）と、RNAでできたリボザイム（塊）がある。②リボザイムはRNAを複製（灰色線）して二本鎖のRNAとなる。③二本鎖RNAが分かれて、2本の一本鎖RNAとなる。④そのうちの一方を鋳型としてリボザイムで複製されて二本鎖RNAとなる。⑤二本鎖RNAのうちの、一方は折りたたまれてリボザイム（塊）となる。それとともに、一本鎖RNAがリボザイムで複製されて二本鎖となる。⑥前の段階（⑤）から、脂質膜内に一本鎖RNA2本と一つのリボザイムをもつものに分裂。前の段階（⑤）から、脂質膜内に一本鎖RNAと一つのリボザイムをもつものに分裂する（①に戻る）。これら脂質膜とRNAの材料は、溶液中から取り込まれる。

出典：山岸明彦, viva Origino 2021年49巻2号

型RNAから自分自身、つまりRNA複製リボザイムを複製していく。

また複製されたRNA複製リボザイムは、折りたたまれて細胞内で塊となり、触媒活性をもつようになる。[*1]

＊1　触媒である酵素は、タンパク質をつくるアミノ酸の配列情報によって自動的に折りたたまれる。つまり、タンパク質ごとに決まった構造を形成する。そのタンパク質には、反応する分子（基質）を挟み込むカギ穴が形成される。酵素は、カギ穴に結合した基質のそばには、反応性の高いアミノ酸が接近するような構造になる。リボザイムの場合も、RNAの配列がもつ情報に従ってリボザイムごとに決まった構造をとる。反応をする基質を挟み込むカギ穴と、そのそばで反応する反応性の高いRNA分子が接近するような構造だ。**図1-2**にある細胞内の塊はRNAの鎖が、反応を触媒する構造をとっていることを表している。

RNA複製リボザイムは、RNA複製リボザイムRNA分子を鋳型として、鋳型RNAを複製することができる。一つの細胞の中にRNA複製リボザイムとその鋳型RNAがそれぞれ二つずつできれば、その細胞は二つに分裂する。分裂したそれぞれの細胞の中には、RNA複製リボザイムとその遺伝子である鋳型RNAが少なくとも一つずつ含まれることになる。これが繰り返されれば、ＲＮＡ細胞はどんどん増えていく。

ＲＮＡ単量体の無生物的合成

このようなＲＮＡ細胞は、どのように誕生したのだろう。いったんＲＮＡ細胞が誕生すれば、そのＲＮＡ細胞はどんどん増殖していく。そのときＲＮＡ細胞は、材料となるＲＮＡ単量体を細胞の外部から取り込む。つまり、ＲＮＡ細胞がどんどん増えていくためには、細胞の外側にＲＮＡの材料であるＲＮＡ単量体が多量に存在しなければならない。

ＲＮＡ単量体（**図1－3**）は塩基と呼ばれる部分と、リボースという糖、それとリン酸が脱水縮合したものである。脱水縮合とは二つの分子から水素二つと酸素が取り除かれ、分子同士が結合することである。

ではＲＮＡ単量体は、どのようにしてつくられるのか。そのとき生物は関与しているのか。生物の関与はないはずだ。塩基自体は、宇宙から飛来した隕石の中からも見つかっている。つまり、塩基は隕石によって宇宙からやってきて、地球表面に溜まっていった可能性がある。量は非常に少ないが、リボースも隕石の中から見つかっている。リボースも宇宙からやってきて、地球表面に溜まったのかもしれない。

まず塩基とリボースが結合して、それにリン酸が結びつけば、ＲＮＡ単量体が生成されるは

図1-3　RNA単量体

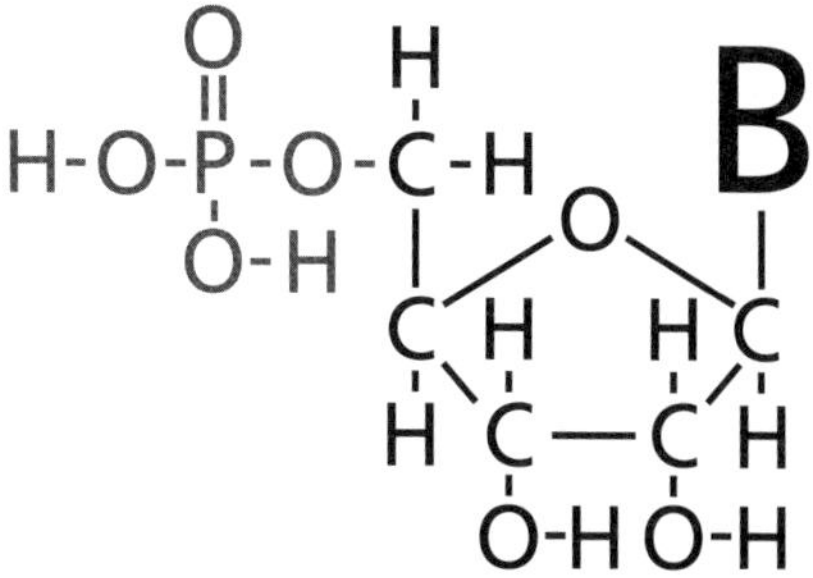

RNA単量体は塩基（B）がリボース基（$C_5H_8O_3$、五角形）につながり、リボース基にはリン酸基（H_2PO_4、灰色部）が結合している。塩基BはA（アデニン）、C（シトシン）、G（グアニン）、U（ウラシル）のうちの一つが、この位置に結合することを表している。

ずだ。ところが非常に困ったことに、塩基とリボースは、まずもって自然には結合しない。したがって、宇宙から材料が飛来してきても、RNA単量体はつくられない。だから、RNAがどうできるかは長らく謎であった。

それがここ10年ほどのあいだで、「地上でRNAを生成することができる」ということがわかってきた。RNAの四つの単量体、A（アデニル酸）、C（シチジル酸）、G（グアニル酸）、U（ウリジル酸、DNAではT〈チミジル酸〉に相当する単量体だが、RNAではUが使われる[*2]）のいずれもが、水溶液中でつくられることが明らかになった。

また、「隕石によってつくられたクレーターの中に雨が流れ込み、水が底に溜まっていく過程で、岩石中の成分と有機物の反応が起こり、それによってRNA単量体が生成されるのではないか」という仮説も提案されている。

＊2　RNAの単量体はA：アデニル酸、C：シチジル酸、G：グアニル酸、U：ウリジル酸（DNAではT：チミジル酸）と呼ばれるが、これは図1-3のように塩基にリボースとリン酸が結合した分子である。リボースに付いている塩基もACGUと略記するが、塩基はRNA単量体と区別するため、A：アデニン、C：シトシン、G：グアニン、U：ウラシル、T：チミンと呼ぶことになっている。

ただし、その反応が進行するためには、途中で乾燥過程が必要となる。乾燥が必要であるならば、海の中でRNA単量体が合成されることはない。つまり、RNA単量体は陸上でつくられたということになる。こうした研究結果をまとめると、生命の材料となるRNA単量体は宇宙から飛来してきたわけではないが、宇宙からやってきた材料をもとに、地球の海ではなく「陸上」で生成されたことになる。

生命が誕生した場所

RNA細胞が生まれるためには、RNA単量体が200個ほど重合する必要がある。もしR

NA単量体が200個ほど重合し、RNA複製リボザイムがつくられたとしよう。すると、そのRNA複製リボザイムは、自分自身を複製することができる。ただ、「最初のRNA複製リボザイムは、リボザイムの関与なしで、どのように重合していったのか」という謎が残る。

先に結論をいうと、その謎は「乾燥」することで解決できた。生成時と同じく、RNA単量体は乾燥させると重合することがわかった。

RNA単量体が200個ほど重合したRNA複製リボザイムの誕生が、生命の起源であった。RNA単量体を乾燥させるためには海の中では無理なので、この反応も陸上で起きた可能性が高い。つまり、陸上で乾燥によってRNA単量体がつくられ、さらに乾燥によってRNA単量体が重合していき、RNA複製リボザイムが生まれたというわけである。こうして地球最初の生命、RNA細胞が誕生した。

生命の起源は陸か海か

ここ20年ほど、高校生物の教科書には「生命は海底熱水噴出孔で誕生した」と書かれていた。しかし最新の研究結果は、その記述に疑問を投げかけている。海底熱水噴出孔ではRNA単量体も生成されないし、RNA単量体の重合も難しい。RNAの材料（核酸塩基、リボース）すらつくられない。最新の研究結果は、生命の誕生は陸上で起こった可能性が高いということを示している。

ただ、多くの研究者が「陸上での生命の誕生」に同意したというわけではない。海底熱水噴出孔を眺めたときの感動的な光景に見入られた研究者たちは、「生命は海底熱水噴出孔で誕生した」という呪縛から逃れられていない。

何かがわかっていく途中の段階で、そのような経過をたどることはしばしばある。生命の起源のように、まったく何もわからない場合には、とくにそうした過程が生じる。

20~30年ほど前には、生命の起源に関わる仮説が10種類以上も存在した。進化論で有名なチャールズ・ダーウィンは、「生命は温かい池で誕生した」と考えていた。粘土の濃縮効果を考える研究者は、「生命は粘土の中で誕生した」と唱えた。

最初の生命を形づくる球状構造（小胞、ミセルあるいはベシクル）に関しても、様々な仮説が提唱された。ソ連の生化学者アレクサンドル・オパーリンは、「有機物質からなる小さい粒コアセルベートが、やがて生命の誕生に結びついた」と考えた。コアセルベートとは、有機物質でできたコロイド状の物体である。

有機物質の粒ということでは一致しても、どのような有機物質かということでは様々な仮説が唱えられた。プロティノイドミクロスフェア、マリグラニュール、ガラクタなどと名前がつけられた様々な小胞が、やがて生命の起源に至ったという説もあれば、有機物質ではなく鉄硫黄などが小胞を形成し、その後の生命の誕生に至ったという考えも生まれた。

つまり、これまでも生命の誕生に関しては様々な仮説が唱えられ、その仮説から次の仮説に代わっていった。しかし、これらのどの説も、情報の複製がどのように起きるかを実験的に確かめたものではなかった。RNA細胞に基づく「RNAワールド」仮説が出たことで初めて、遺伝情報を複製する細胞の誕生への道筋が具体的に、実験で裏づけられたのである。

一方、「生命の起源はタンパク質が最初だった」という仮説も存在する（タンパク質ワールド）。タンパク質が複製するのだと唱える研究者も、かつては存在した。しかしタンパク質の情報、つまりアミノ酸の並び順を複製する方法は、今のところ見つかっていない。

「タンパク質はペプチド（抗生物質）をつくる」ということが、タンパク質複製の事例に挙げられることもあるが、これは間違いだ。なぜなら、「ペプチドをつくるタンパク質は、決まったアミノ酸を決まった順番で数個つないでいるだけ」だからである。鋳型を複製しているわけではない。何らかの遺伝情報、並び順がそのままコピーされなければ複製とはいえないし、遺伝的には意味がない。

現在知られているすべての分子の中で、複製されることが実験で確認されているのは、DNAとRNAだけである。一方、遺伝子を複製する触媒活性をもつことが実験で確かめられているのは、タンパク質とRNAだけだ。つまり遺伝情報を保持し、かつ遺伝子複製触媒として機能し得るのはＲＮＡだけである。

こうした研究結果を眺めると、最初の生命はＲＮＡ細胞であった可能性が高い。あと5年か10年ほどあとの高校生物の教科書には、「生命の起源は陸上で、最初の生命はＲＮＡ細胞であった」と記載されているだろう。

ＲＮＡ細胞の構造

では、そのＲＮＡ細胞は何でできているか。現在の生物は、すべて細胞によって形づくられているが、すべての細胞は細胞膜という脂質膜で包まれている。ＲＮＡ細胞もまた、ＲＮＡ複製リボザイムが脂質膜に包まれたものだ。

細胞膜は、様々な膜脂質を使うことで作成することができる。細胞膜に含まれるそれらの様々な膜脂質は共通した性質をもち、炭素と水素からなる長い鎖があるのが特徴だ（図1－4のAとB参照）。

油やガソリンなども、やはり炭素と水素からできた分子である。炭素と水素でできた分子は、水に溶けにくい。この性質は疎水性と呼ばれる。水に溶けにくいので、たとえばガソリンなどを水の上にこぼすと、薄い膜をつくりながら広がっていく。膜脂質の炭素と水素からなる鎖も、多くの膜脂質分子が集まって薄い膜をつくるという性質をもっている。

図1-4　脂質膜とその材料

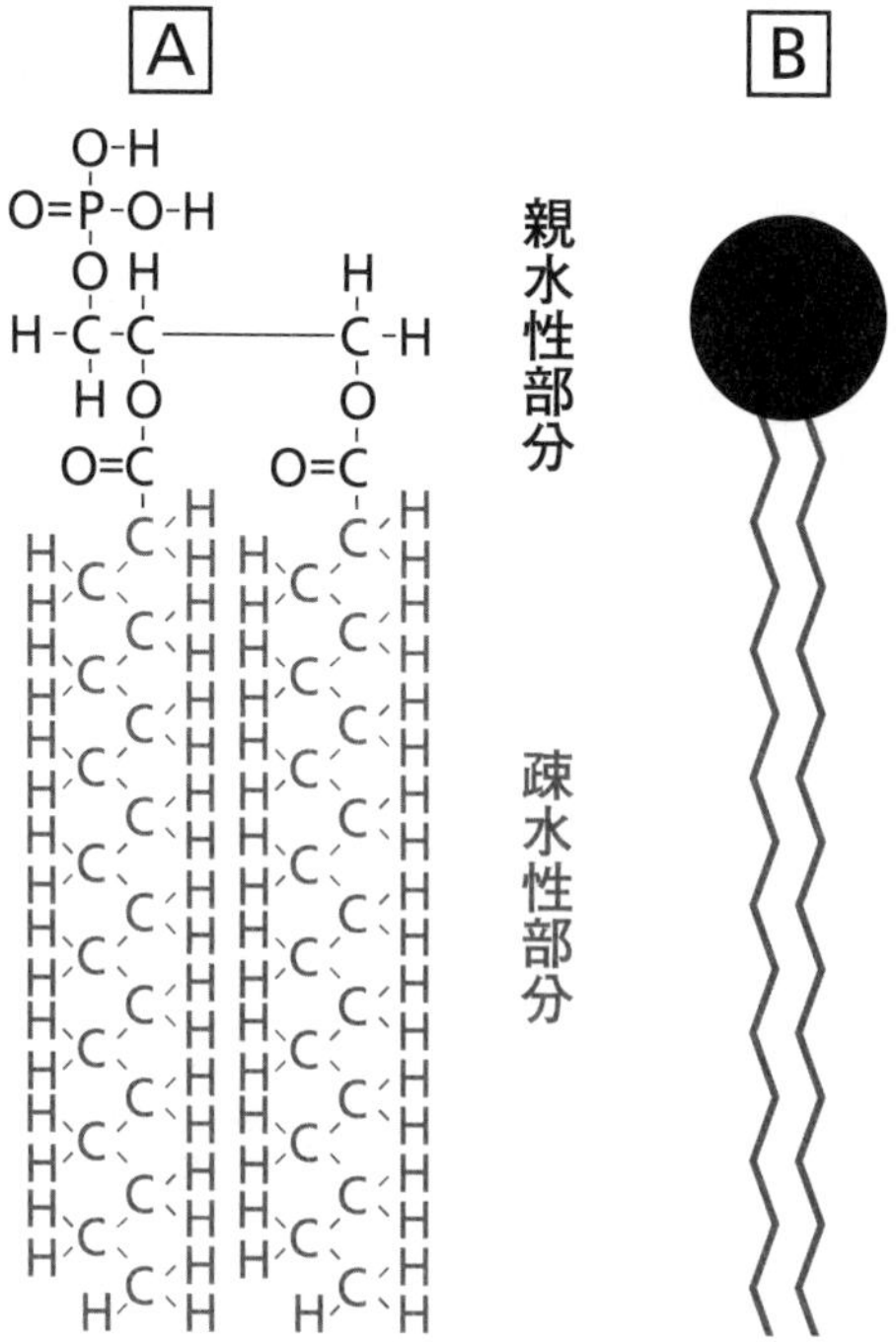

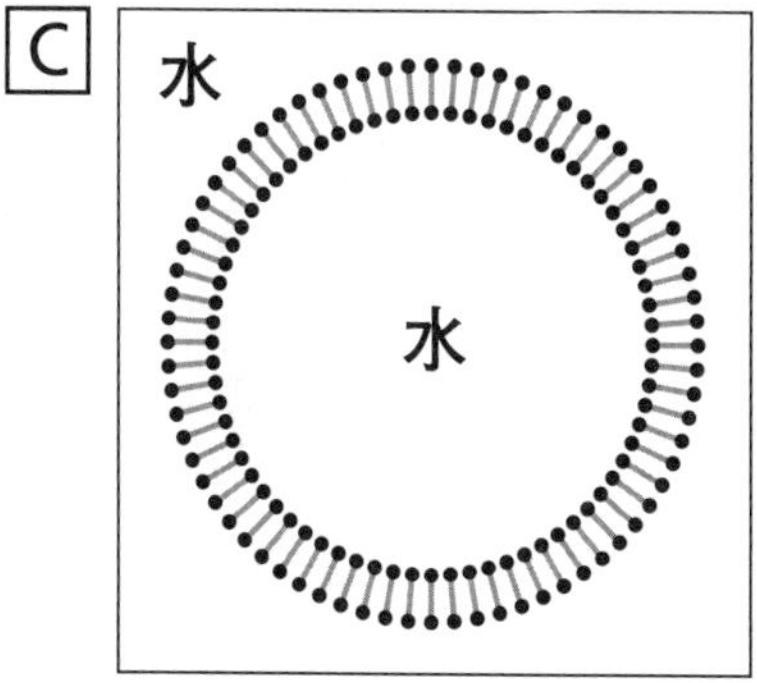

A：脂質膜をつくる脂質分子。
B：脂質分子を模式的に描いたもの。
C：脂質膜断面図。
模式的に表した脂質分子 B が多数並んで、水を取り囲んだ球状構造の膜をつくる。
A、B、C それぞれの灰色の線と文字は疎水性部分、黒色部分は親水性部分を表す。

その一方で図1－4を見るとわかるように、膜脂質には酸素（O）やリン（P）も含まれている。こうした元素が含まれると、今度は水とよくなじむようになり、そうした性質は親水性と呼ばれる。

膜脂質の親水性の部分は、水と接触しようとする性質がある。その結果、2枚の膜脂質が疎水性部分を背中合わせにして薄い膜をつくり、親水性部分で水を取り囲むようになる。そして背中合わせになったもう一方の膜の親水性部分で、水の中に溶け込む。結果的に、水を囲んだ球状の膜が水の中につくられる（図1－4のC）。現在の生物でも、こうしてできた膜が細胞を取り囲んでいる。

生命の起源においても、このような膜が細胞を取り囲んでいた可能性が高い。もっとも、細胞を取り囲んでいる膜に関しては、現在のところ最も解明されていない謎の一つなので、ほかの可能性も考えられる。たとえば、同じ脂質でも隕石に含まれる長鎖のアルコールや脂肪酸、隕石中の高分子化合物、アミノ酸がでたらめに重合したプロティノイドなど様々な可能性が考えられるが、ここではこれ以上触れない。わかっているのは、これらが進化のどこかの段階で脂質膜に置き換えられたということだ。

現存生物の細胞が分裂するためには、2組のDNAを引き離して細胞を二つに分ける分裂装置が必要になる。細胞の中に2組の細胞内成分ができあがると、細胞は分裂準備完了になる。

分裂装置は、分裂準備完了になって初めて細胞分裂を可能にする仕組みである。

分裂装置の仕組みは生物の種類によって様々であるが、いずれの場合もまず2組のDNAを1組ずつ、細胞の両側に引き離す。ついで、細胞の真ん中をくびり切るように切断して、一つの細胞を二つにする。

しかし分裂装置がなくても、脂質膜そのものには自然に分裂するという性質がある。脂質膜は内部に十分な分子が含まれ、かつ脂質膜に膜脂質が取り込まれると自然に分裂する。誕生後間もない頃の初期RNA細胞は、とくに分裂装置をもたなかったが、脂質膜分子や細胞内部のRNAが増えると自然に分裂していたと考えられる。

脂質膜が自然に分裂する効率は悪い。細胞内に十分に分子が含まれないうちに分裂したり、多くの分子が蓄積するまで分裂しなかったりする。

しかし、進化初期の細胞にとっては、それで十分であったはずだ。なぜなら、競合するほかのRNA細胞も同じく、分裂装置をもっていなかったからだ。効率のよさは競争する相手との相対的関係なので、分裂装置をもたない細胞同士においては、分裂装置がないことはさほど問題にならない。

なぜRNAは炭素を使うのか

さて、それでは脂質膜に取り囲まれた細胞中のRNAは、何からできているのだろうか。RNAが塩基とリボース、それにリン酸からできていることはすでに説明した。さらにRNAを元素レベルにまで分解すると、RNAは炭素、水素、酸素、窒素、リンから構成されている。

なぜRNAは炭素を使うのだろう。炭素は他の元素四つと結合できるのが特徴である。炭素が四つの元素と結合できることを、「炭素は腕を4本もつ」と表現する場合も多い。炭素は4本の腕があるおかげで、長い鎖や環状など様々な構造の分子をつくることができる。

RNA単量体（アデニル酸、シチジル酸、グアニル酸とウリジル酸）に含まれる炭素の数は、リボースと塩基で合計9個もしくは10個である。リボースには5個の炭素、塩基には4〜5個の炭素が含まれる（**図1-5**）。炭素同士は、4本の腕のうち2本で結合し、環状構造を形成している。

リボースでは酸素と四つの炭素が結合し、五角形の環状構造をつくる。RNA単量体は、炭素の腕でつながった五角形リボースと、さらに炭素と窒素でつながった環状構造をもつ塩基により構成されている（**図1-3と図1-5**）。

リボースの炭素のうち、もう1本の腕は水素に、最後の腕は酸素につながっている。酸素は2本の腕をもっていて、1本の腕は炭素と、残りの腕は水素とつながっている。この酸素と水

図1-5　4種の塩基とリボース（右下）

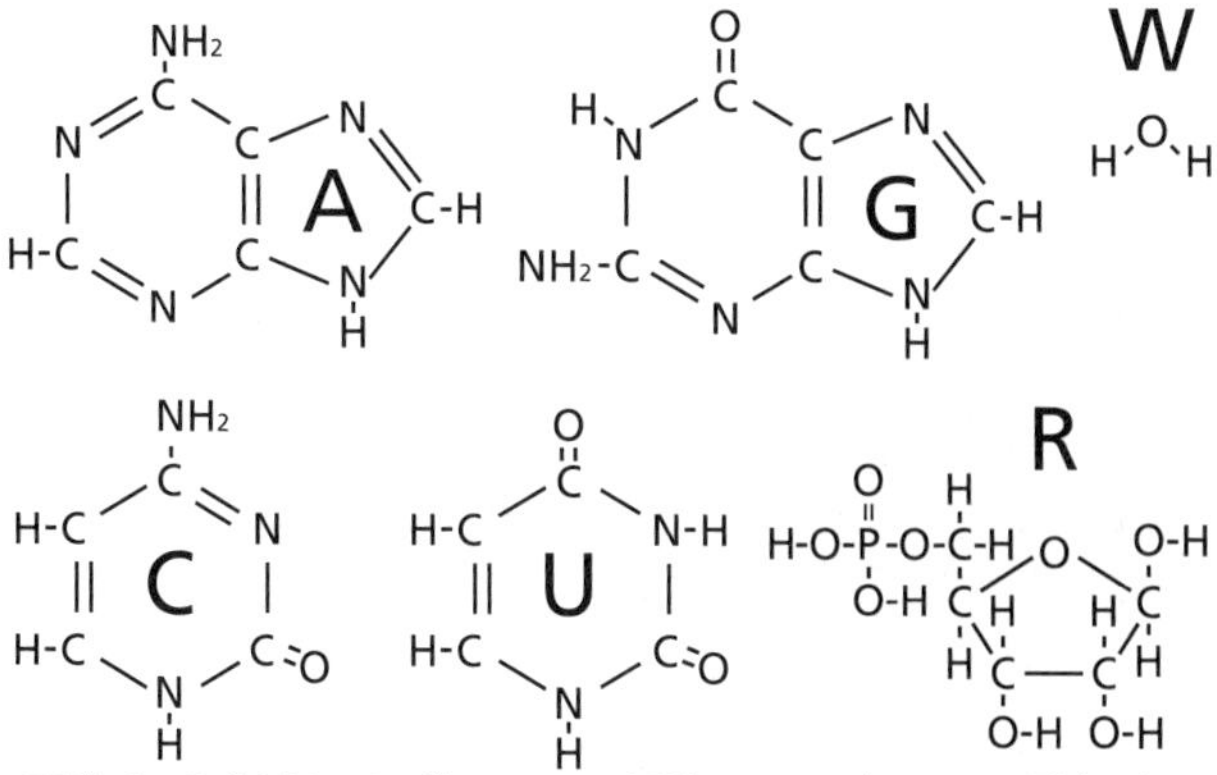

A: アデニン、C: シトシン、G: グアニン、U: ウラシル、R: リボース―リン酸（リボースにリン酸基が結合している）、W: 水

素の結合は、水に似ている（図1―5参照）。

水は酸素と水素の結合を、二つもっている。リボースは酸素と水素の結合があるおかげで、水によく溶ける。分子の構造の似たもの同士は、互いによく混ざるという性質がある。

RNAもまた、リボースを含んでいるので水によく溶ける。リボースには酸素四つに囲まれたリン（P）が結合している（図1―5参照）。これはリン酸基と呼ばれ、この四つの酸素のおかげで、リン酸基は極めて水によく溶けるという性質がある。

一方、塩基（アデニン、シトシン、グアニン、ウラシル）は炭素と窒素が環状構造をつくっている（図1―5参照）。この環状構造の炭素と窒素に、水素が結合している。炭素と水素の結合は、水に溶けにくい。

水分子はお互いに強く引き合っており、その中に疎水性の分子が入っていこうとしても、水分子によって押し出されてしまう。したがって、疎水性分子は押し出された分子同士で集まることになる。

このように塩基同士は水に溶けにくい疎水性の性質をもつので、互いに近づこうとする。アデニンとウラシルが、シトシンとグアニンがくっつきやすい理由は、これら塩基のもつ疎水性が一役買っている。

専門的なことを学んだ経験のある人ならば、アデニンとウラシルの結合、シトシンとグアニンの結合は、水素結合が特異性をもたせていることを知っているかもしれない。環状構造の窒素原子に付いた水素が、環状構造に付く酸素と水素結合をつくると、DNAが二本鎖構造を形成するということを知っている人も多いだろう。RNAもDNAと同じように、水素結合で二本鎖をつくることができる。

ここまでをまとめると、炭素は四つの腕のうちの2本を使って、リボースと塩基の環状構造を形成する。そして炭素の残った2本の腕には、他の元素が結合する。炭素が四つの腕をもつことが、こうした複雑な構造の分子を構成するのを可能にしている。

そして炭素以外の元素は、分子に親水性と疎水性の性質をもたせている。炭素に結合した元素の種類によって、水に溶ける（酸素、窒素、リン）か、溶けない（水素）か、どちらかの性質をもつようになる。さらに窒素は酸素と水素結合することで、ACGU（DNAではT）の塩基対をつくる。炭素が分子の骨格をつくり、窒素、酸素、水素、リンが骨格に様々な性質を与えている。

でたらめにつながった無数のＲＮＡ分子

ＲＮＡは炭素、水素、酸素、窒素、リンから構成されている。これらの元素はどこでつくられ、どのようにして地球へたどり着いたのだろうか。

水分子と同様、これらの元素は太陽や惑星が形成されたときに塊となって地球へやってきた。宇宙から飛来したＲＮＡの材料分子としては、グリコールアルデヒドといった炭素と酸素、水素からなる小さな分子、もしくはシアンアミドやシアノアセチレンといった炭素と窒素、水素からできた小さな分子などが考えられている。リンは岩石の成分として、地球に飛来した。

地球へたどり着いたときには、これらはまだ小さい分子で、ＲＮＡの単量体は地球の表面――陸地のどこか、おそらくクレーターか小さな池――でつくられた。そのＲＮＡの単量体は、乾燥することで２００個ほどがつながっていった。

このとき、でたらめにつながった無数のＲＮＡ分子の中で、たまたま塩基がある決まった順番に並んだものが、ＲＮＡを複製する活性をもつリボザイム、すなわちＲＮＡ複製リボザイムとなった。クレーターか小さな池の中には、脂質の分子も同時に存在していたので、RNA複製リボザイムは脂質膜の中で複製をはじめたというわけである。

200個ほどのRNAが重合する可能性は実験により試されているが、それらが偶然にRNA複製リボザイムになる確率はまだわかっていない。おそらく、完成型の複製リボザイムがいきなりつくられるという確率は極めて低いだろう。

一方、複製の性能は悪いが、重合するRNAが200個よりもう少し短い複製リボザイムも存在する。ということは、生命の起源においては、一気に200個ほどのRNAがつながってRNA複製リボザイムが生まれたのではなく、「短い複製リボザイムがまずつくられ、それが徐々に長くて性能のよいRNA複製リボザイムに進化していった」のかもしれない。

短いRNA鎖が何本か集まって複製リボザイムがつくられることも、実験で確かめられている。重合したRNA鎖は短かったが、それが何本か集まることで、最初のRNA複製リボザイムが生まれたのかもしれない。どのように最初のRNA複製リボザイムがつくられたのかを理解するためには、さらなる研究が必要である。

なぜ炭素、水素、酸素、窒素、リンを使ったのか

一方、RNAの元素として、炭素（C）、水素（H）、酸素（O）、窒素（N）、リン（P）が

図1-6　太陽を構成する元素の存在比率

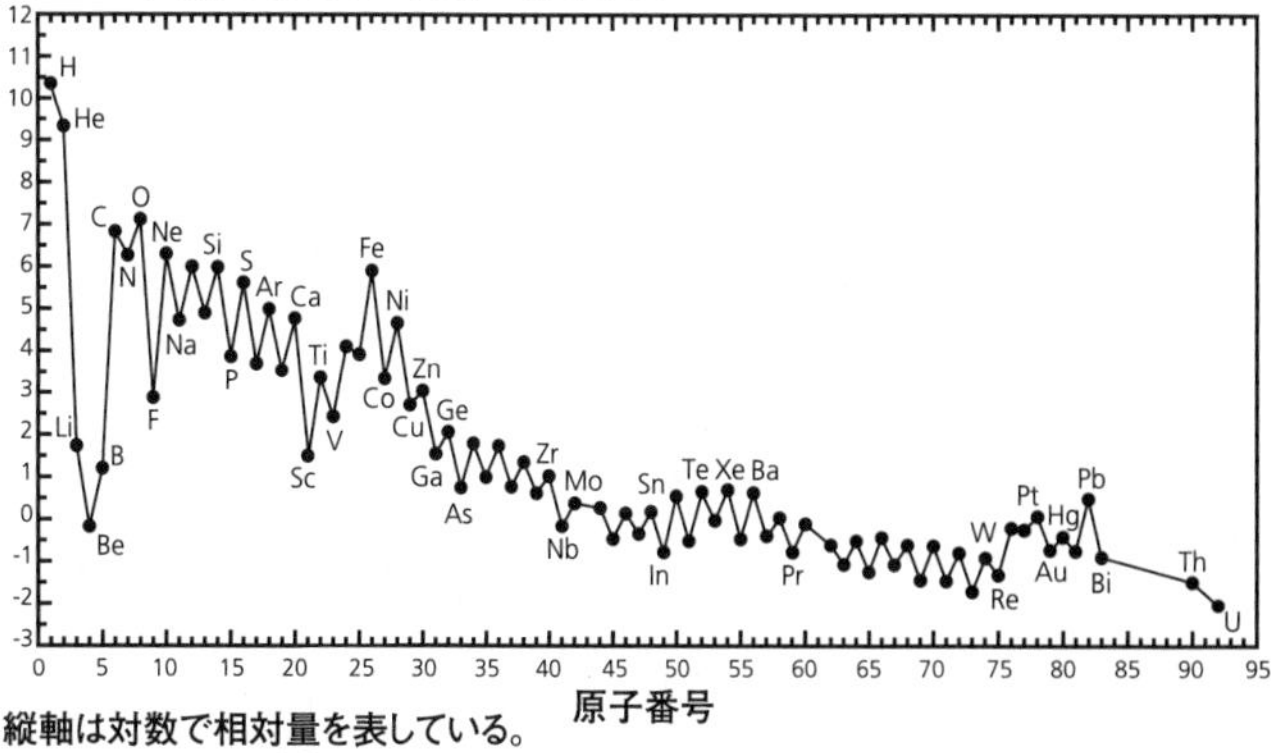

縦軸は対数で相対量を表している。

出典：Solar System Abundances and Condensation Temperatures of the Elements.
Katharina Lodders. Astrophysical J. 591: pp.1220-1247（2003）

どのように使われたのかについては、ある程度わかってきた。先述したように、水素と炭素の結合は水に溶けにくく、酸素や窒素、リンの結合は水に溶けやすい。そうした性質をうまく利用することで、脂質膜ができ、RNAは水に溶けて塩基結合をつくることで複製された。

しかし、なぜ炭素、水素、酸素、窒素、リンがRNAの元素として使われたのか。第一の理由としては、「これらの元素が宇宙で豊富に存在する」ことが挙げられる。

炭素、水素、酸素、窒素は宇宙で最も多い元素である。一番多いのは水素で、2番目がヘリウム、3番目以下は酸素、炭素、ネオン、窒素の順番だ。リンはこれらと比較するとかなり少ない。これについては、のちほど説明する。

図1-6は、太陽を構成する元素の存在比率を

対数で示したものだ。太陽系のほとんどの質量は太陽に集中しているので、これが太陽系における元素比率と考えてよい。また宇宙の元素比率も、太陽とほぼ同じと考えて構わない。

ヘリウムとネオンは不活性気体と呼ばれ、他の元素と反応することができない。つまり、「使えない元素」である。すると不活性気体を除くと、生命は宇宙で最も多い元素四つ（炭素、水素、酸素、窒素）を使っていることになる。

これら四つの元素は地球が誕生したときに宇宙からやってきて、地球の原始大気成分となった。したがって、元素そのものは初期地球にたくさん存在した。もっとも、膨大にあったからといって、それを使ったという理由にはならない。ただ、これら四つの元素が利用可能な状態であったということは確かである。

リンが利用された理由

宇宙に存在するリンの量は、他の生物形成元素と比べるとはるかに少ない。リンの大部分は酸素と結合したリン酸として岩石中に含まれており、それが溶け出して海水の成分となった。リン酸はRNAの成分として使われているが、なぜリン酸がRNAで利用されているのか。

リンは酸素4個と結合したリン酸という形が安定しており、生物の体内でもリン酸基として使われている。リン酸化合物の代表的なものとしては、リンが酸素を経て炭素と結合した化合

図1-7　ATPの構造

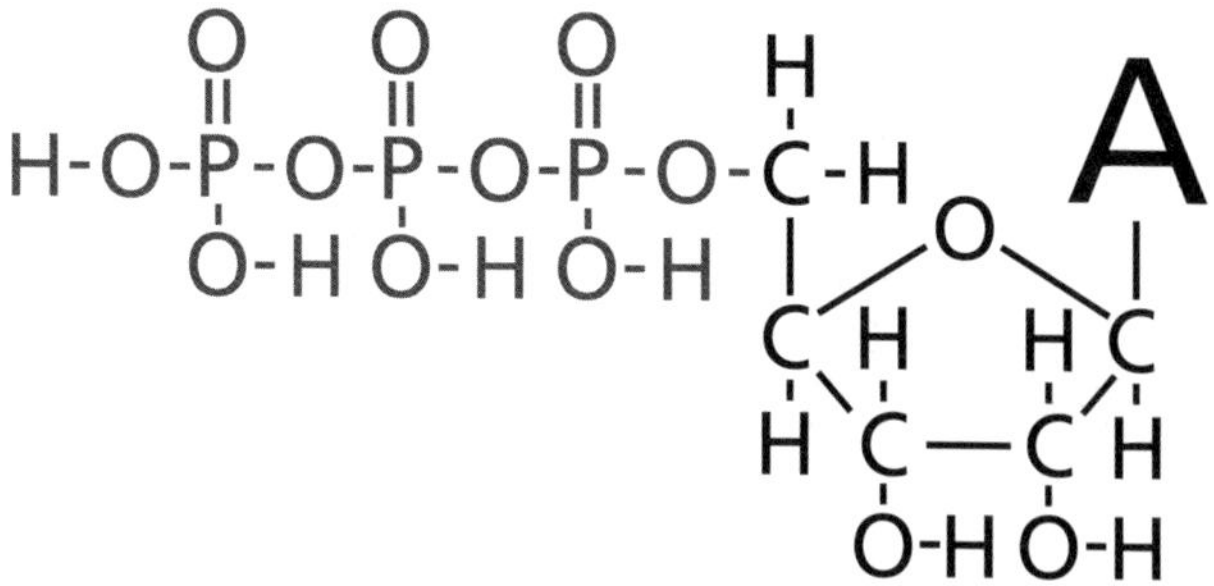

Aはアデニン塩基、黒色部の五角形はリボース、灰色部分はリン酸基を表す。

物、リン脂質（**図1－4**A）やグリセロールリン酸などがある。

RNA単量体でも、炭素とリン酸が酸素を介して結合している。リン酸基は様々な有機物と酸素を介して結合し、化学反応に関与している。

リン酸基は生物に必要不可欠なエネルギーの供給源であるATP（アデノシン三リン酸）という分子に、三つも使われている（**図1－7**）。ATPは「エネルギーの通貨」ともいわれており、生体内で使われるエネルギーはいったんATPの形になってから、他の目的で使われる場合が多い。化合物を酸化してそこからエネルギーを取り出すときも、多くの場合、リン酸が他の化合物と結合している。つまり、リン酸は有機化合物の反応のエネルギーを受け渡す分子として使われている。

生化学の専門的な教科書には、「リン酸は負電荷をもち、とくにATPでは負電荷が反発するのを利用してエネルギーを溜めており、これを高エネルギーリン酸結合と呼ぶ」と書かれていることが多い。これは、一見正しそうに思える文章ではあるが、大変な誤解を招く恐れがある。

ATPの加水分解のエネルギー（専門的には自由エネルギー差というのが正しいが、単にエネルギーといっても大きな間違いではない）は、28〜34kJ／mol。

「なんのこっちゃ、そんな数字を出されても意味がわからない」と思われるだろう。ちなみに「J」とは、エネルギーを表す単位のことで「ジュール」と読む。1ニュートンの力で物体を1メートル動かすときに必要なのが1ジュールで、つまり1ジュールは約102グラムの物体を1メートル上まで持ち上げるときの仕事量である。

物体を動かすときのエネルギーは力学的エネルギーなのだが、力学的エネルギーは熱エネルギーにも、化学的エネルギーにも変換される。熱エネルギーでも、化学的エネルギーでも、同じ単位「ジュール」が使用される。

一方、molは物質量の単位で「モル」と読む。1モルは、ある物質を構成する原子、あるいは分子がアボガドロ定数（6・02×10の23乗）個だけ集まった量のことだ。物質の量が多ければ、そこに含まれる化学エネルギーも多くなるので、ある決まった量、すなわち1モルの化学物質が存在するときの化学エネルギーを表したのが「kJ／mol（キロジュール・パー・モル）」という単位である。

ATPの加水分解のエネルギーは、リン酸が二つ結合した分子であるピロリン酸(二リン酸)が二つのリン酸に分解するときの加水分解エネルギー(15・8kJ/mol)よりは高い。ピロリン酸が加水分解するときよりもエネルギーが高いことから、「高エネルギーリン酸結合」と呼ばれている。

しかしピロリン酸の加水分解と比較することに、どんな意味があるのだろうか。じつは、あまり意味はない。

それでは高エネルギーリン酸結合を、ほかのエネルギーと比較してみよう。たとえば、水素結合は約8・4〜33・5kJ/mol。確かに水素結合よりは、ATPの加水分解のエネルギーのほうが大きい。しかし、水素結合というのは弱いことで有名な結合である。水素結合よりも結合エネルギーが高いからといって、高エネルギーというのは言いすぎだろう。

図1-8は、代表的な共有結合のエネルギーをまとめたものだ。一般的な共有結合は数百kJ/molである。ATPの加水分解のエネルギーは、一般的な化学結合と比べると、その10分の1ほどしかない。したがって、「高エネルギーリン酸結合」という呼び方は誤解を招く恐れがある。リン酸結合は共有結合と比べて、ちっとも高エネルギーではない。

リン酸結合が共有結合と比べて高エネルギーではないのに、なぜ生物はリン酸を使っている

図1-8　共有結合エネルギー（kJ/mol）

Single Bonds						Multiple Bonds	
H—H	432	N—H	391	Cl—Cl	239	C = C	614
H—F	565	N—N	160	Br—Br	193	C ≡ C	839
H—Cl	427	N—F	272	I—I	149	O = O	495
H—Br	363	N—Cl	200	I—Cl	208	C = O*	745
H—I	295	N—Br	243	I—Br	175	C ≡ O	1072
C—H	413	N—O	201	S—H	347	N = O	607
C—C	347	O—H	467	S—F	327	N = N	418
C—N	305	O—O	146	S—Cl	253	N ≡ N	941
C—O	358	O—F	190	S—Br	218	C ≡ N	891
C—F	485	O—Cl	203	S—S	266	C = N	615
C—Cl	339	O—I	234	Si—Si	340		
C—Br	276	F—F	154	Si—H	393		
C—I	240	F—Cl	253	Si—C	360		
C—S	259	F—Br	237	Si—O	452		

のだろうか。その謎を解くカギは、エネルギーを小分けにしていることにある。

たとえば、高校生物の教科書には、「生物がグルコース（代表的な糖の一種）を呼吸で使うとき、１個のグルコースから38個のＡＴＰが合成される」と書かれている。そのエネルギーの合計は１１５９kJ／molになる。一方、グルコースを空気中で燃やすと、紙を燃やすのとほぼ同じ反応が起こり、そのときのグルコースの燃焼熱は２８００kJ／molである。

つまり、「生物は２８００kJ／molのうち、１１５９kJ／molしかエネルギーを使っていない」ということになる。しかも、そのエネルギーは38個のATPに小分けにして溜めてある。ATP1個当たりのエネルギーは、およそ30kJ／molと、グルコース分子を空気中で燃やしたときの90分の1ほどでしかない。

ちっとも高エネルギーではない。むしろ、有機物の大きな結合エネルギーを小分けにして使うことが、リン酸を利用する理由と考えられる。炭素との結合エネルギーが小さいというリン酸の性質は、むしろエネルギーを小分けにするために便利だったのかもしれない。

リン酸を介したRNAの結合も、結合エネルギーは他の共有結合エネルギーよりはるかに小さい。結合エネルギーが小さいということは、結合をつくりやすく、また切断しやすいことを意味している。つまり、RNAがリンを利用した理由は「リン酸の結合エネルギーが小さいことが重要だった」といえるかもしれない。

第2章　元素の誕生から、地球の形成へ

宇宙にある元素の量はなぜわかる

地球上の元素は、宇宙からもたらされた。では、宇宙に存在するその元素は、どこでつくられたのか。

そもそも宇宙には、どのような元素が存在するのだろうか。まずは太陽系の中を眺めてみよう。

太陽系の質量の大部分は、太陽や惑星といった天体で占められている。太陽系の中で最大の天体は太陽なので、太陽が何でつくられているのかがわかれば、太陽系全体を構成する元素の量も、おおよそ理解できる。それでは、太陽の中にどのような元素がどれくらい存在するのかは、どうやったらわかるのだろう。その疑問は「太陽から出る光を分析する」ことで解決できる。

光をプリズムに通すと虹色（7色）に分かれることは、多くの方がご存じだろう。光は波の性質をもっており、進む方向に対して垂直に振動している。振動する周期が長いと、一つの波の長さも長い。これは「波長が長い」という言い方をする。

逆に振動する周期が短いと、一つの波の長さも短い。こちらは「波長が短い」と表現する。太陽からの光をプリズムで分けると、**図2－1**のように波長に従って長い方から赤・橙・黄・緑・青・藍・紫に分かれる（これは「セキトウオウリョクセイランシ」と覚える）。

図2-1　可視光線の色と波長の関係

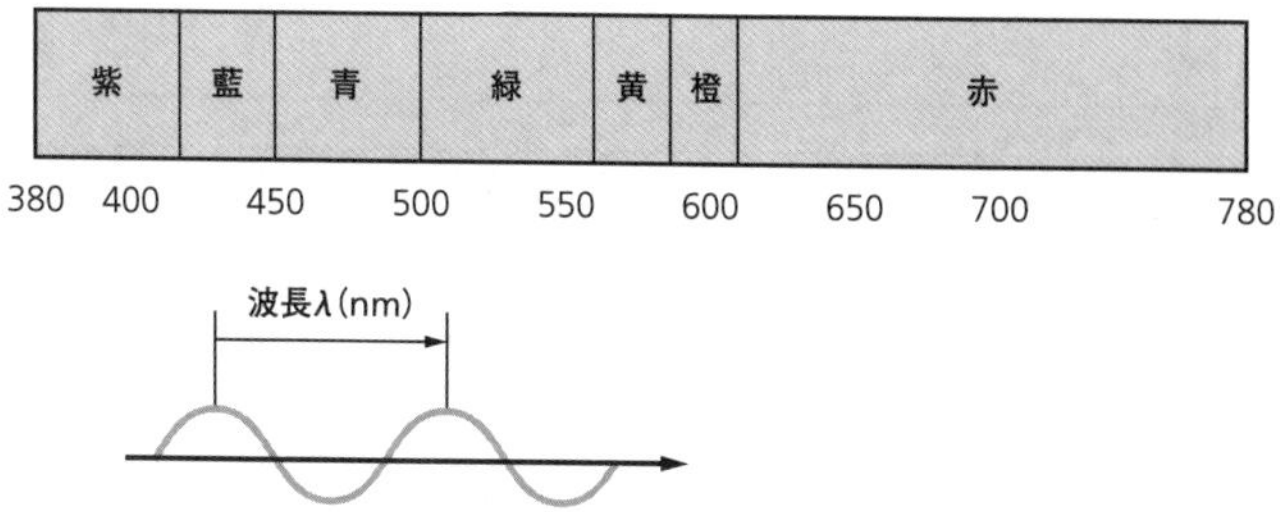

可視光線は虹の色が混ざった光である。光は電磁波という波であるが、波の波長は色によって異なっている。図の数字は、波長λ（ラムダ）の長さを示している。

太陽の光は黄色の可視光線が最も強く、緑・青・藍・紫の順に弱くなる。反対側も同じく、橙・赤の順に弱まっていく。

目には見えないが、紫よりもさらに波長の短い光が紫外線である。太陽から出る紫外線の強度は可視光線より弱いが、紫外線の光子一つひとつのエネルギーが大きいので、化学的な作用、すなわち様々な化合物を分解する力は強い。紫外線は微生物の分子を分解して、殺菌効果を示す。

黄色い光より波長の長い光が橙・赤で、赤より長い波長は目に見えない。その光は赤外線と呼ばれている。赤外線は可視光線よりも強度は弱いが、ものを温める力が強いので、赤外線が当たると暖（温）かく感じる。

太陽から到達する光は高温で発せられる特定の波長で、とくに強いも弱いもない連続スペクトル

図2-2　太陽光の可視光線にある元素の吸収線

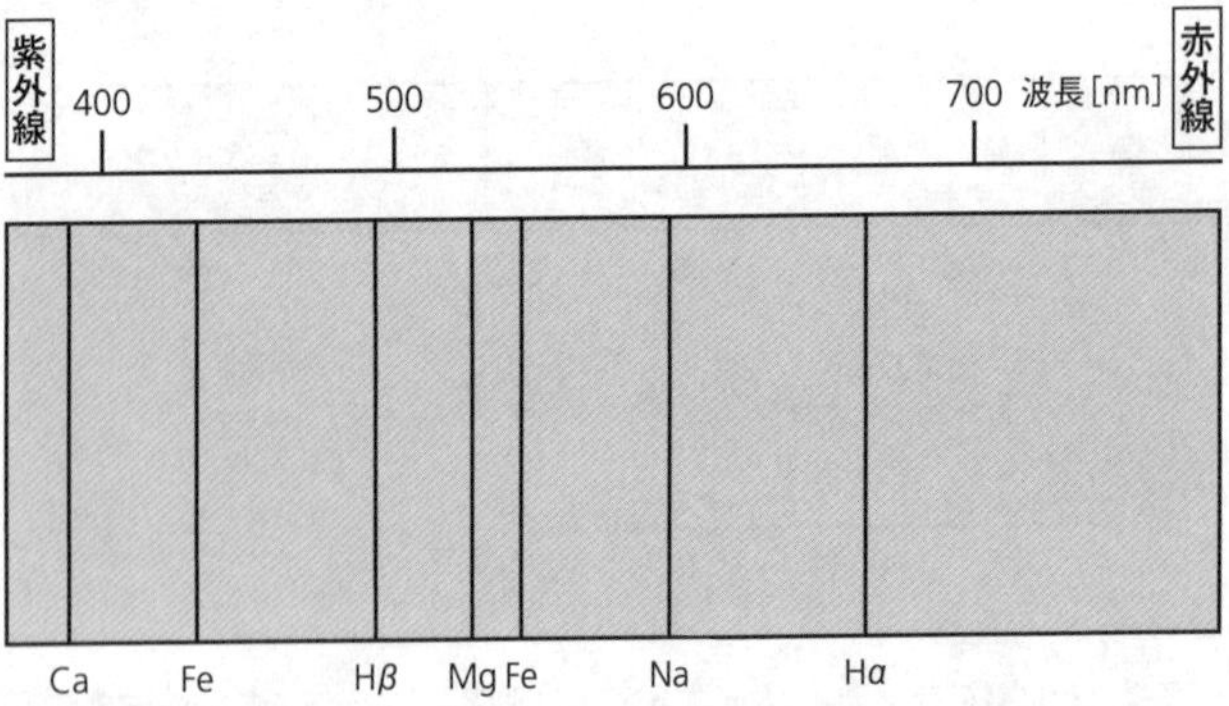

水素の吸収線は複数あり、図ではHα、Hβと書いてある。

という特徴をもっている。ところが、太陽の光をプリズムで分けると、赤・橙・黄・緑・青・藍・紫のあいだの所々に黒い線が入っている（図2-2参照）。

元素はそれぞれ特徴的な光を吸収するが、これらの黒い線は太陽の中に含まれる元素が光を吸収したことを示している。この黒い線の位置や濃さを調べると、「どのような元素がどれくらいの量、太陽に含まれているのか」がわかる。

その結果、太陽で最も多い元素は水素で、その次がヘリウムであることがわかった。以降の順序は酸素、炭素、ネオン、窒素となる（図1-6）。

先述したように、太陽系の質量の大部分は太陽の質量になるので、太陽系の元素組成は太陽の元素組成とほぼ同じである。銀河も同様で、銀河系の元素組成を考えるならば、恒星の元素組成を考えればよい。

銀河の中の恒星を比較すると、銀河の中心からの距離によって重元素の含有量が違っている。中心部はもともと分子密度が高いので星が形成されやすく、銀河系初期に形成された古い恒星の元素が新しい星に還元されている。一方、外縁部は密度が薄く、重元素の循環は少ない。

銀河系初期に形成され、寿命が尽きた恒星の多い中心部には、原子番号の大きい重元素の比率が高い。一方、銀河系の中心部から太陽系と同程度の距離にある天体であれば、太陽系と同じような元素組成になる。

最初の元素

太陽を構成する元素は、どこでつくられたのか。太陽は星雲状のガスの中で物質が集まって誕生した。ガス成分の大部分を占めている水素は、宇宙誕生後に形成された最初の元素である。一方、水素以外のほぼすべての元素は、「死んだ星」から放出されたものだ。つまり、太陽には宇宙のはじまりにつくられた元素と、そののち恒星によって生み出された元素とが含まれている。

ここで宇宙のはじまりに戻ってみよう。ビッグバンという言葉を聞いたことのある人は多いと思う。そのビッグバンにより、水素とヘリウム、さらに微量のリチウムとベリリウムといった元素が合成された。

ビッグバンから現在まで、宇宙は膨張を続けている。膨張し続ける宇宙は温度が下がり続ける。現在の宇宙の温度は、およそ3度K。ここでいう「度K」とは、絶対温度を表す単位で「ドケー」と読む。

3度Kは摂氏マイナス270度で、絶対零度マイナス273度より3度ほど高い温度である。わずか3度ではあるが、ここで重要なのが「絶対零度よりも温度が高い」ということだ。絶対零度より温度が高いというのは、「宇宙全体にエネルギーが存在する」ことを意味している。

宇宙のはじまり

ここでビッグバンよりも、さらに時間を遡ってみよう。宇宙は今よりもずっと小さかった。ということは、エネルギーの密度は現在よりもずっと大きく、すなわち「高温だった」ということになる。

ビッグバンよりもさらに古く、宇宙の起源にまで遡ってみよう。宇宙の体積が極めて小さいと、宇宙の温度は極めて高くなる。すると、体積が極めて小さかった宇宙の起源においては、宇宙の温度は無限大ということになる。しかし、「温度が無限大」などという状態は、はたして存在するのだろうか。物理学者は無限大を嫌う。

宇宙の起源においては、そのほかにもいくつものおかしなことが起こっていた。その一つが「宇宙は均質だった」ということである。宇宙には銀河が1000億個ほどあり、それが宇宙の中に均等に分散している。これははるか昔、生まれたばかりの宇宙が均質だったことを意味している。

また、宇宙の「端」の温度を調べてみると、宇宙のどの方向を観測しても温度の偏りがないことが明らかになった。つまり、宇宙は極めて一様であるということだ。これの何がおかしなことなのか。詳しく説明しよう。

膨張する宇宙

まずは「宇宙の均質性」について考える。宇宙が均質だということは、宇宙の端から端まで何かが伝わって均質にしたはずである。これを「相互作用があった」という。

ところが、宇宙の端ともう一方の端は、互いに光の速度で遠ざかっている。現在の宇宙が均質だということは「宇宙の起源において相互作用があった」ことになるが、光速を超える相互作用は存在しない。そうすると、宇宙の端と端とで相互作用することはできないはずなので、「それはおかしい」ということになる。

これらの問題点を解決する考えが、「インフレーション理論」である。インフレーションといっても経済のインフレーションではない。インフレーション理論は、文字通り宇宙が膨張したという考えである。

宇宙のインフレーション理論に従えば、宇宙は無から誕生した。無から誕生したばかりの宇宙は、砂粒よりもはるかに小さかった。砂粒よりも小さい宇宙は光速を超える速さで膨張した。

物質は光速を超えられないが、空間は物質ではないので、光速を超える速度で膨張することができる。空間が光の速度を超えて膨張するならば、膨張する前の空間上の2点間で相互作用があっても不思議ではない。こう考えると、現在の宇宙の均質性を説明することができる。

また、インフレーション理論では、誕生したばかりの宇宙にはエネルギーがそれほど存在していなかったとも考えられた。空間の大きさと宇宙のエネルギーは関係しており、空間が小さければエネルギーも小さくなる。そして膨張によって空間の体積が広がると、宇宙全体のエネルギー量も増加していく。

砂粒よりもはるかに小さかった初期宇宙では、エネルギー量も少なかった。そうすると、「宇宙の起源では、温度が無限大であった」という問題もなくなる。空間の膨張とともに、宇宙全体に含まれるエネルギー量も増加した。それにより、宇宙空間の膨張はさらに加速していった。これが宇宙のインフレーション理論である。

やがて、宇宙は相転移を起こして、インフレーションの段階からビッグバンへと移行していった。この段階で、宇宙は膨張とともに温度を下げはじめる。

また、ビッグバン初期の宇宙に存在したエネルギーは電磁波の状態であった。このときの電磁波は、光よりもずっとエネルギーの大きいγ（ガンマ）線であった。この段階での宇宙は物質、すなわち素粒子が存在せず、「光の宇宙」と呼ばれている。電磁波の中で我々に最も親しみのあるものが光なので、そう名付けられた。

水素の誕生

宇宙の膨張にともない全体の温度が低下すると、やがて素粒子が誕生し、さらに電子と陽子が生まれた。この段階での宇宙の温度はまだ高く、電子と陽子は別々に運動していた。この状態はプラズマと呼ばれている。

プラズマの中では光が遠くまで届かないので、宇宙空間を光で見通すことはできない。さらに温度が低下して電子が陽子に捕まり、水素原子が誕生すると光が遠くまで届くようになった。これはビッグバンから約38万年後のことで、この過程は「宇宙の晴れ上がり」と呼ばれている。

宇宙空間で水素濃度の高い場所と低い場所ができると、高い場所の濃度はさらに高まり、周りにある水素をさらに集めはじめる。集まった水素の量が多くなると圧力が高まり、やがて温度も上昇する。すると原子核と電子が分かれたプラズマ状態を経て、核融合反応がはじまった。

恒星の誕生である。

宇宙誕生から10億年ほどが過ぎた頃、第一世代の星が誕生した。水素だけで構成された第一世代の星が、太陽系からも天の川銀河からも最も離れた距離、すなわち宇宙の端の最も古い領域に観測されている。

その後、恒星の中心では水素原子核が互いに衝突し、核融合反応が進行していく。水素原子核同士が融合すると、それらはヘリウム原子核になる。そのような核融合反応によって生まれた膨大なエネルギーを放出することで、星は輝いている。

質量の大きい星は中心部の圧力が高く、核融合反応が効率よく進行し、温度の高い青白い星になる。そうした質量の大きい星は核融合反応速度が速いので、寿命が短い。太陽程度の大きさの星の寿命はそれに比べると長く、100億年ほどである。太陽が誕生してから現在まで約50億年が経過したが、太陽の寿命はあと50億年ほどある。

星の寿命の大部分は、水素原子核の核融合に費やされる。水素原子核がほぼすべて融合してしまうと、次にヘリウムの核融合がはじまり、炭素の原子核が合成される。炭素の核融合反応が進むと、さらに次の核融合反応がはじまるが、鉄まで進むと、核融合反応はそれ以上進まなくなる。そこで星の一生は終わる。

寿命を迎えた星の最後は、星の質量によって異なる。太陽の質量の約8倍よりも大きい星は、超新星爆発を起こして星の元素を宇宙に放出する。鉄よりも重い元素は、そのときに合成される。このようにして様々な元素が、宇宙空間にばらまかれた。

地球が生まれるまで

ほぼ完全な真空である宇宙空間には、1立方メートル当たりに水素原子が40個ほどしか存在していない。しかし、宇宙空間には、次第に分子密度の比較的高い所と低い所が生まれてくる。暗黒星雲（分子雲）として知られている場所は、他の宇宙空間よりも分子密度が高く、背景の星の光を隠しているので、宇宙の中で黒く見える。

分子雲の中に存在する分子の大部分は水素分子で、次に多いのは水と一酸化炭素分子、それに200種類以上の有機化合物である。宇宙においてケイ素は、主にケイ酸やケイ酸塩として存在している。これらは地球の砂粒と似た成分であり、化学的に安定している（ケイ素と酸素が安定に結合）。

ケイ酸やケイ酸塩が結晶となって1マイクロメートル程度の大きさの粒ができあがり、その周りを氷が囲んでいる。氷には水素や一酸化炭素などが溶け込み、そこに紫外線や放射線が当たると有機化合物の合成が起こる。

やがて分子雲の中の、ケイ酸・ケイ酸塩の微粒子やガスの濃度の高い部分が収縮をはじめる。

収縮しはじめた微粒子やガスは、次第に円運動を開始して渦を巻くようになる。収縮が進むと円運動の回転速度も上がる。中心部に集まったガスの量が多くなると圧力が高まり、やがて核融合を開始する。第二世代の恒星の誕生である。

恒星の周囲に残された微粒子とガスも渦を巻く。これらの粒子とガスは、渦の中の濃度の高い部分で収縮していく。渦の中のケイ酸の粒は互いに結合して徐々に大きな粒となる。砂粒は小石に、小石は岩石に、岩石は微惑星へと発展していき、やがて惑星が誕生する。

このとき太陽からの距離によって、惑星に集まる水やガスの量が変わる。太陽からの距離が近い場所では、太陽の光で温度が上がり、氷は水蒸気となる。したがって、凝集していく成分はケイ酸塩や金属で、これらの成分からなる岩石惑星が太陽から近い距離につくられていく。一方、太陽から遠く離れていると氷が存在できる温度となり、この距離をスノーラインと呼ぶ。スノーラインよりも外側では水の量が多い惑星がつくられるが、水は凍っているので氷惑星となる。

氷惑星でよく知られているのが、天王星と海王星である。天王星と海王星は、水素やヘリウムを主成分とする大気に覆われているが、木星や土星と比べてガスの割合が少なく、水やメタンの氷があることから氷惑星と呼ばれている。

誕生した惑星の質量が大きいと、周囲のガスを大量に集めるようになる。主に水素分子からなる巨大ガス惑星の誕生だ。太陽系でいえば、木星と土星が巨大ガス惑星である。ガス惑星といっても中心部には岩石のコア（核）があり、コア周辺の水素分子も圧力が極めて高いので、おそらく金属水素という特殊な状態になっている。

微惑星から惑星がつくられる過程は、穏やかに進むわけではない。微惑星ともなると質量は大きく、微惑星同士が衝突するエネルギーも大きい。そのため衝突角度と速度ベクトルのズレによって、いったん誕生した微惑星が破壊されたり、融合したりする。融合した場合、エネルギーの大きさに応じて惑星の温度も上がってくる。

衝突エネルギーが十分に大きいと天体は高温になり、溶融した岩石のマグマによって表面が覆われる。温度が上昇して惑星全体が溶融すると、比重の重い金属が中心部へと移動していき、コアがつくられる。一方、ケイ酸塩は比重が軽いので、天体の外側へと移動し、表面に浮き上がってマントルを形成する。このようにして、岩石惑星は誕生する。そして今から約46億年前、岩石惑星の一つとして地球が誕生した。

大陸地殻の完成

生まれたばかりの地球では、岩石が溶融したマグマにより表面全体が覆われていた。地球表面を覆っていたマグマの海はマグマオーシャンと呼ばれている。その地球の周りを、さらに水蒸気や二酸化炭素などを含む気体が覆っていた。

マグマと大気中の熱は宇宙空間に放出されていくので、惑星の温度は次第に下がっていく。大気の温度が十分に下がると、水蒸気は雨となり地表に向けて降りはじめる。まだ地上の温度が高かった状態では、雨は途中で蒸発して水蒸気となるので、地表にまで届かない。

大気と地表の温度が十分に下がると、雨は地表に到達して海を形成する。マグマと海の水が反応することで、マントルの組成とは異なる岩石、花崗岩ができた。花崗岩は元の岩石よりも軽いので、マントルの上に浮かんで大陸地殻となった。

とはいっても、当時の岩石はすべて風化してしまっているので、現在の地球には残っていない。現在の地球に残っている岩石で最も古いものは、カナダの北西部にあるアカスタ片麻岩で、今から約40億年前に形成された。片麻岩は花崗岩が変成した岩石だが、花崗岩がつくられるためには水と岩石との反応が必要である。つまり、片麻岩は「40億年前の地球に海が存在した証」といえる。

形成されたばかりの初期地球の岩石は残っていないが、岩石を構成していた鉱物の粒であれば今も存在しており、堆積した岩石中から見つかっている。大陸地殻を形成する花崗岩の中には、ジルコンという宝石としても利用される硬い鉱物が含まれている。西オーストラリアのジャック・ヒルズは、ジルコンの産地として有名な場所だ。

ここから産出されたジルコンに微量含まれている鉛とウラニウムの量を測定すると、ジルコンが形成された年代を調べることができる。ウラニウムの原子核が放射性崩壊すると鉛ができるので、両者の比率を調べればウラニウムがジルコンに取り込まれてから現在までのあいだに、どれだけの時間が経過したのかがわかる。

最も古い年代のジルコンは、今からおよそ45億〜44億年前に形成された。その頃にジルコンができたということから、当時すでに地球には海があり、海水と岩石との反応によってジルコンを含む花崗岩が形成されたと考えられている。当時の岩石自体はすでに失われているが、岩石中に存在する硬い鉱物ジルコンが、その後につくられた岩石中に取り込まれて残っていたわけである。

つまり、このジルコンの粒は地球に残された最古の鉱物で、このジルコンの年代を測定することで、今から約45億〜44億年前の地球に大陸と海が存在していたことがわかった。

第3章　元素と生命の誕生

生命の進化は「長い文章」と「句読点」で書かれている

地球で誕生した生命は、どのように進化したのだろう。そこにはおよそ41億年にわたる、長い複雑な歴史が存在する。

ここではその歴史をたどるのではなく、大きなイベントだけを追ってみよう。生命の進化は「長い文章」と「句読点」で書かれている。長く続くゆっくりとした時間と、大変動による短時間での変革である。

地球大変動の際、生命は大きく変化するが、そのとき生命は考えない。

「地球は凍らない」と思われていた

地学の研究者は長いあいだ、「地球全体が凍ったことはない」と考えていた。ひとたび地球が凍ると、地球表面の氷と雪が太陽光を反射してしまい、二度と温度は上がらないと考えられていたからである。

しかし、かつて地球は少なくとも三度、全球凍結したことがわかってきた。地球全体は凍らないと考えられていたのに、なぜ凍ったのか。そして、全球凍結したことがなぜわかったのか。まずは地球の温度が決まる仕組みの説明からはじめていこう。

地球の温度はどのように決まるのか、その仕組みは、現在ではかなりの部分が解明されている。スーパーコンピューターを用いれば、平均気温を計算することも可能となった。それを一言で表すと、「地球の平均気温は、太陽からの熱エネルギーの流入と、宇宙への熱エネルギーの流出とのバランスで保たれている」と言うことができる。

現在の地球の平均気温は摂氏約15度だが、この温度はどのように保たれているのか。宇宙空間にある物体の温度は、太陽からの光エネルギーによって上昇する。太陽の表面温度は約6000度で、宇宙空間にある物体が太陽の光に当たると、主に可視光と赤外光を吸収して温度が上昇する。

一方、温度が上がった物体は、宇宙空間に向かって赤外線を放出する。宇宙空間に放出される赤外線量は、物体の温度が高ければ高いほど多くなり、逆に物体の温度が低ければ少ない。物体によって吸収される太陽光の熱量と、物体から放出される赤外線の熱量が等しくなった温度が、物体の温度となる。

物体に吸収される熱量は太陽からの距離と、物体表面の反射率で変わってくる。太陽光の強度は太陽に近いほど強く、太陽から離れると弱くなる。太陽からの距離が同じでも、太陽光をどの程度反射して、どの程度吸収するかによって温度は変化する。

そして「ひとたび地球の温度が低下しはじめると、温度はさらに下がっていく」という仕組みが、以前から知られていた。地表が雪や氷で覆われて白くなると太陽光を反射してしまうので、熱エネルギーを反射してしまうからである。そのため、地球がいったん凍結してしまうと光を反射するので、二度と氷が融けることはないと考えられていた。

現在の地球は凍結していない。したがって、「地球の歴史上、全球凍結はなかった」という考えが、20世紀末まで信じられていた。

ところが1987年、先カンブリア時代末期の赤道域の地層から、氷河堆積物が見つかった。カリフォルニア工科大学のジョセフ・カーシュビンクは、「赤道域に氷河があったのであれば、当時の地球は全球が凍っていたはず」と考え、「スノーボールアース」と名付けた。1990年代になると、先カンブリア時代末期の赤道域付近だけでなく様々な緯度の場所も、氷河で覆われていたことがわかってきた。現在では地球の歴史上、少なくとも3回は全球凍結が起こったことが明らかになっている。

酸素濃度の急上昇

地球環境を考える上で、もう一つの重要な因子が酸素濃度である。酸素は地球の生物活動を大きく支えているが、その酸素の濃度も歴史上、常に一定に保たれていたわけではない。

では酸素濃度は、どのように調べればいいのか。もちろん酸素測定器があれば、現在の大気中の酸素濃度であれば簡単に測定することができる。酸素濃度測定機自体は、2万円ほど払えば手に入る。しかし、過去の時代の大気を手に入れることは、一般的には容易ではない。

ただし、過去数十万年ほどの大気であれば、南極で入手可能だ。実際、氷床の氷の中に閉じ込められた「泡」から、当時の気体中の二酸化炭素濃度やメタン濃度の測定が行われている。しかし、それ以前の時代の大気を手に入れることは難しい。そこで間接的な方法によって、酸素濃度の推定が行われている。

たとえば、今から約22億年前の地球で、マンガン鉱床が形成された。マンガン鉱床とは、地殻を構成する岩石の中でマンガンが通常の含有量をはるかに超えて濃集し、特殊な集合体を形成したものである。

このマンガンには酸化型と還元型の2種類がある。還元型のマンガンは水に溶けるが、酸化型は水に溶けにくい。つまり、およそ22億年前にマンガン鉱床が形成されたということは、水に溶けにくい酸化型のマンガンがつくられたことを示している。

22億年前にマンガン鉱床の沈殿が起きたということは、それより前の時代の酸素濃度は低く、水に溶けやすい還元型が多かった。そして、この時代に酸素濃度の上昇が起こったことが推定される（**図3－1**）。

また様々な年代の硫黄化合物の同位体組成を調べることで、過去の大気中酸素濃度の情報を得ることもできる。たとえば火山からは亜硫酸ガスが放出されているが、このガスは大気圏上

図3-1　地球の酸素濃度の変化

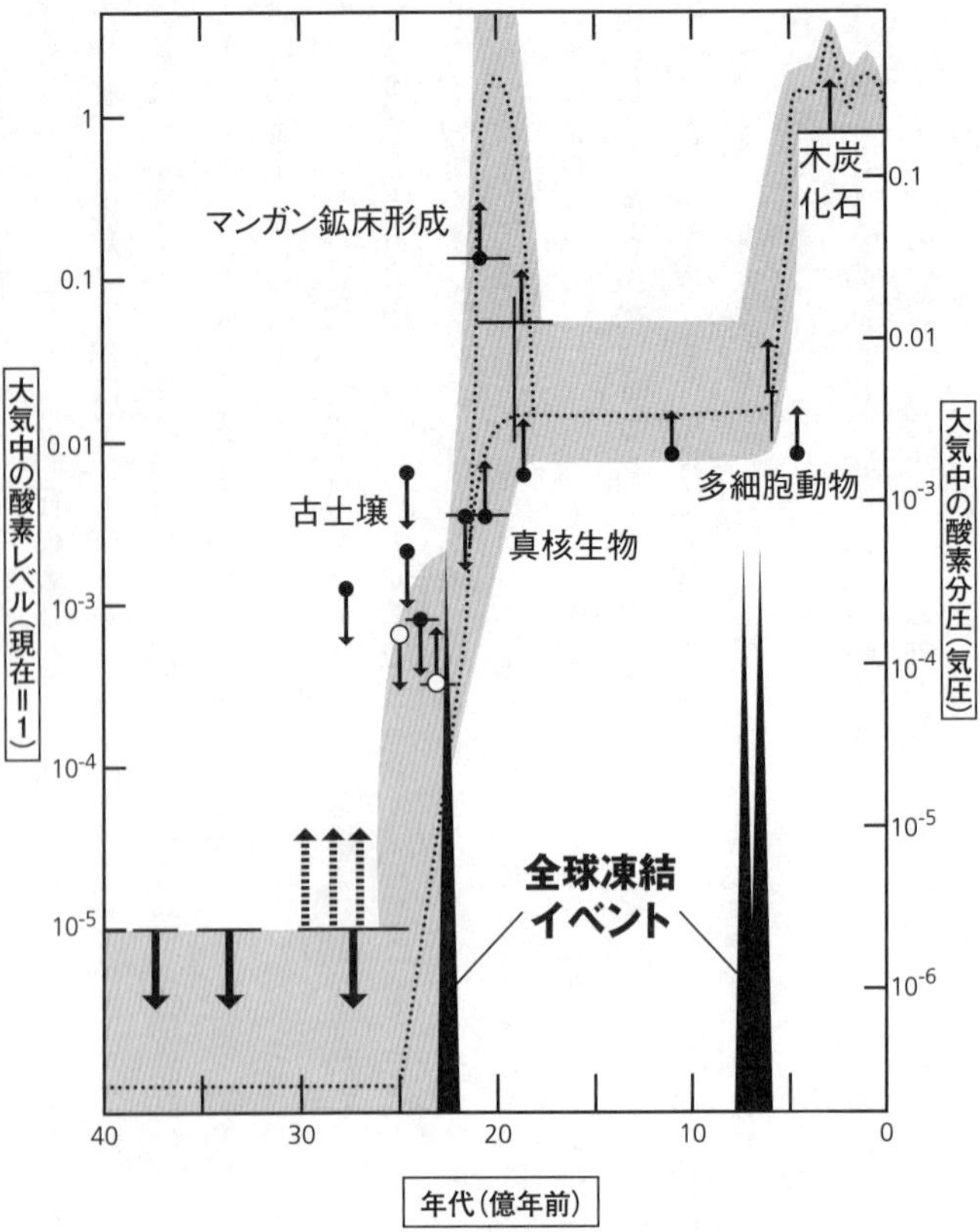

過去の酸素濃度を直接測る方法はないので、いくつもの指標をもとに酸素濃度の推定が行われる。図中の矢印は、何かの現象に基づき濃度がそれ以上だったりそれ以下だったりすることを示す。全球凍結イベントの時期が三角形で示されている。

出典：「全球凍結と大酸化イベント――地球大気はいかにして酸素を含むようになったのか」田近英一、原田真理子／『生物の科学　遺伝』71：114-120（2017）

空で紫外線によって硫酸と還元型の硫黄に分解される。このときの硫酸と還元型の硫黄とでは、元素の同位体組成が異なる。その結果、堆積した種々の岩石中の硫黄化合物の同位体比率を調べると、様々な値をとることになる。

ところが、もし大気中に酸素が少しでも存在していた場合、還元型の硫黄は酸化されるので硫酸へと変化する。この結果、硫黄がすべて硫酸となるので、硫黄の同位体組成は元の亜硫酸ガスと同じになる。つまり酸素があると、硫黄化合物の同位体組成が一定になり、酸素がないと硫黄化合物の同位体組成にバラツキが生じるのだ。

各時代における岩石に含まれる硫黄の同位体組成を調べた結果、およそ24億年前より前の時代には同位体組成のバラツキが観測されたが、それ以降はなくなっていた。還元型の硫黄が酸化されるのに必要な大気中酸素濃度は、現在の10万分の1以上である。ここから、およそ24億年前よりも古い時代の酸素濃度は、現在の10万分の1以下だったことがわかる。

そして今から約24億～21億年前の地球で、酸素濃度が0・2パーセント程度まで上昇するという現象が起こった。現在の酸素濃度（およそ20パーセント）の100分の1程度ではあるが、10万分の1以下の時代と比べれば、かなりの急上昇である。この酸素濃度の急激な増加は、「大酸化イベント」と呼ばれている。

およそ23億年前に何があった

先述したように、かつて地球は少なくとも三度、全球凍結した。今からおよそ23億年前の赤道付近で氷河の痕跡が見つかった。さらにその後の調査により、その当時の地球全域の地層からも氷河の跡が見つかっている。こうした状況から、その時代に地球全体が凍結したことが明らかとなった。

大酸化イベントとほぼ同じ時期の約23億年前の地球で、なぜ全球凍結が起こったのか。また、ひとたび凍結した地球が元に戻ることはないはずなのに、なぜ氷が融けたのか。この謎について解説していこう。

なぜ凍ったか

なぜ約23億年前に、地球は凍結したのだろうか。当時の太陽の強さは、どうだったのだろう。太陽で起きる核融合反応は負のフィードバック制御により、極めて安定的に維持されている。負のフィードバック制御とは、内部環境を一定の状態に保つように働く調節機構のことである。

核融合反応が激しく起きると、太陽の温度は上がる。すると太陽は膨張し、核融合反応が抑えられる。逆に核融合反応が抑えられると、太陽の温度は低下する。すると、太陽は収縮して核融合反応が促進される。このような仕組みで、太陽の核融合反応は極めて安定に、一定の速度で進行する。

そして太陽を構成する元素組成は、核融合反応の進行によって変化していく。誕生から約46億年のあいだに、太陽の元素組成は徐々に変化してきた。

約46億年前、誕生したばかりの太陽は現在よりも暗く、およそ70パーセントの強度しかなかったと推定されている。それから、徐々に太陽光強度は上昇してきた。太陽光強度が徐々に強くなってきたので、今から約23億年前に突然、強度が下がったとは考えにくい。

では、地球から放出される熱量はどうだろう。放出される熱量が増えれば、地球表面の温度は下がっていく。地球から放出される熱量は地球の表面温度とともに、大気中の温暖化ガス濃度の影響を受ける。同じ太陽光強度であっても、温暖化ガス濃度が下がれば地球の表面温度も低下する可能性がある。

では、なぜ温暖化ガス濃度が低下したのだろうか。その謎のカギを握っているのが、シアノバクテリアである。

今から約30億年前、地球にシアノバクテリアが誕生した。シアノバクテリアとは、酸素を発生する光合成を行う原核生物である。そのシアノバクテリアが、地球表面で酸素を発生しはじめた。光合成反応は二酸化炭素を還元するので、大気中の二酸化炭素濃度は低下していく。

光合成によって発生した酸素は、海水中の還元型の鉄を酸化した。海水中の還元型の鉄濃度が低下すると、酸素は大気中に放出されはじめる。大気中に放出された酸素は、大気中のメタンも酸化していく。

メタンガスは二酸化炭素と同じく、温室効果をもっている。メタンガスと二酸化炭素の二つの温室効果ガス濃度の減少が地球温度の低下を招き、全球凍結の引き金になった可能性がある。

氷が融けた原因

では、いったん全球凍結した地球の氷は、なぜ融けたのか。ひとたび地球が凍結すれば、シアノバクテリアが行っていた光合成も停止する。一方、たとえ地球が凍結しても、地球表面では火山活動が起き続ける。さらに氷で覆われた大洋の下では、熱水活動も継続して行われていたはずだ。

全球凍結した地球だが、火山活動と熱水活動によって二酸化炭素やメタンガスの放出は続いていた。光合成が停止しているので、メタンガスが酸素によって分解されることもなく、また二酸化炭素が光合成で利用されることもない。こうして、メタンガスと二酸化炭素が大気中に蓄積していった。

メタンガスと二酸化炭素の大気中濃度が上がっていくと、地球の表面温度も次第に上昇していく。地球の表面温度が上昇すると、やがて赤道付近の氷が融けはじめる。氷が融け出すと太陽光の反射が減少し、温度はさらに上昇する。この正のフィードバックにより、地球の表面温度は一気に上昇していった。

地球の表面温度が上昇すれば、それまで氷で覆われていた地殻が露出してくる。すると、地殻は雨水によって浸食され、塩類が海へと溶け出していく。それを利用してシアノバクテリアが大繁殖し、酸素濃度の急上昇が起きたというモデルが提案された。その結果、地球の酸素濃度は、0・2パーセント程度にまで上昇した。

真核生物の誕生

真核生物は、地球の酸素濃度が上昇した少しあとに誕生したと考えられている。およそ19億年前の地層から大型——といっても数ミリから数センチくらい——の化石が発見されはじめる。真核生物とは細胞の中に、細胞核をもつ生物のことである。一方、核をもたない生物は、原核生物と呼ばれている（**図3-2**）。

すべての生物は細胞からできている。動物や植物、カビなどは10〜100マイクロメートルくらいの大きさの大型の細胞からなり、それらの中に核と呼ばれる構造をもつ。また細胞内には、ミトコンドリア、ゴルジ装置、小胞体、リソソーム[*3]といった構造があり、これらは細胞小器官と呼ばれている。

図3-2　真核生物細胞と原核生物細胞

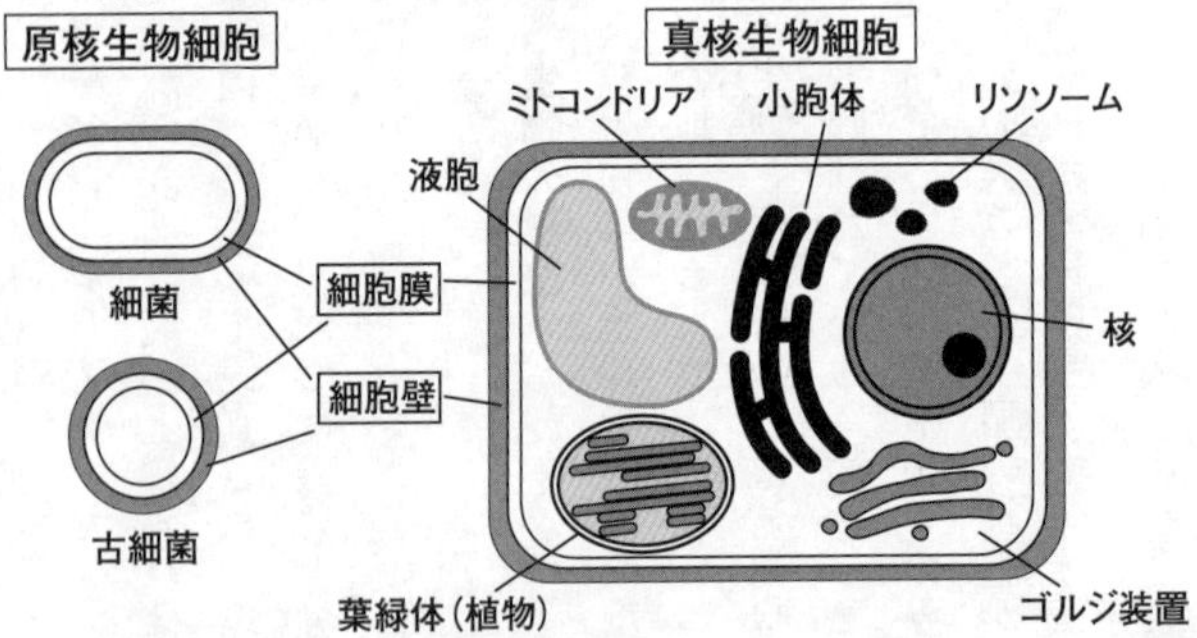

真核生物細胞の中には、ゴルジ装置、核、リソソーム、小胞体、ミトコンドリアが、植物細胞にはさらに葉緑体や液胞などの細胞小器官が存在する。また、植物細胞の周囲は細胞膜と細胞壁で囲まれている。細胞膜と細胞壁で囲まれた細胞内に、核や細胞小器官をもたない細菌と古細菌は、原核生物と呼ばれる。

＊3　リソソーム、リポソーム、リボソームの違いに注意。ソームは粒、リソは消化のことで、消化酵素を含む粒がリソソーム。リポは「リピッド」、つまり脂質のこと。脂質からなる粒がリポソーム。リボはリボ核酸、つまりＲＮＡのこと。ＲＮＡを含む粒がリボソーム。

これに加えて植物細胞は細胞壁や、細胞質の中に葉緑体や液胞をもつ。これらの生物は総称して、真核生物と呼ばれている。

一方、原核生物とは、核をもたない小さな細胞の生物群である。原核生物には二つのグループがあり、それぞれ細菌・古細菌と呼ばれている。細菌は、大腸菌や枯草菌などのグループで、バクテリアともいう。古細菌は、メタン菌や高度好塩菌、硫黄好熱菌などのグループで、アーキアとも呼ばれている。

　細菌と古細菌の細胞の形状は球形（球菌）か棒状（桿菌《かんきん》）で、その直径は１マイクロメートル程度、あるいはそれ以下である。これらの細胞は細胞膜に囲まれて、その外側に細胞壁があるが、細胞内に真核生物がもつような細胞小器官はない。細菌と古細菌を合わせて原核生物と呼ぶ。

　真核生物と原核生物の細胞は、その大きさと細胞小器官の有無のほかにも、いくつかの違いがある。真核生物の細胞の体積は、原核生物細胞の大きさの約１０００倍である。

　細胞の中には、生物の情報を記録するＤＮＡが収められている。そのＤＮＡ全体は、ゲノムと呼ばれている。遺伝子をgene（ジーン）、何かの総体をome（オーム）ということから、遺伝子の総体がgenome（ゲノム）と名付けられた。

　ゲノムの情報量は、ＤＮＡの文字（ＡＣＧＴ）２個が対合した塩基対という単位で表される。ゲノムは生物の種類によってかなり異なるが、原核生物のゲノムは50万塩基対から数百万塩基対である。真核生物の中でも動植物は、１億塩基対から１００億塩基対と、原核生物の２００～２０００倍程度の大きさのゲノムをもっている。

ミトコンドリアと葉緑体

真核生物細胞は、どのように生まれたのか。真核生物細胞が誕生する過程については、ある程度わかってきている。

真核生物細胞の特徴の一つとして、細胞小器官の存在がある。細胞小器官の中でも、ミトコンドリアと葉緑体は、他の細胞小器官と比較しても異なった特徴をもっている。

特徴を挙げていくと、まずミトコンドリアと葉緑体は、外膜と内膜という2枚の脂質膜に囲まれている。また、ミトコンドリアと葉緑体の中にはDNAが存在し、それらはミトコンドリアと、葉緑体専用の複製酵素（DNAポリメラーゼ）によって複製される。さらにミトコンドリアと葉緑体には、細胞の転写翻訳系とは別に、専用の転写酵素（RNAポリメラーゼ）と翻訳系（tRNA、rRNA、リボソーム）が存在する。そしてミトコンドリアと葉緑体は、専用の分裂装置をもつ。

これらの特徴を一言で表すと、「ミトコンドリアと葉緑体は、あたかも細胞の中の独立したユニットとして振る舞う」となる。

ミトコンドリアの性質

抗生物質の一つであるカナマイシンには、「ミトコンドリアのタンパク質合成系を阻害する」

という性質がある。通常、抗生物質は感染症の治療薬として用いられる。感染源となる病原菌の多くは細菌類で、抗生物質はそれらの増殖を阻止する治療薬として使用されている。つまり、ミトコンドリアのタンパク質合成系は、「細菌に似ている」といえる。

現在、遺伝子の配列を比較することで、「生物がどのように進化してきたのか」ということが推定可能となった。1980年代に遺伝子の配列が解析され、ミトコンドリアのDNAから「ミトコンドリアrRNA（リボソームRNA）の遺伝子」が見つかった。

これをヒトやネズミなどの動物や植物、カビ、細菌、古細菌のrRNA配列と比較したところ、ネズミのミトコンドリアのrRNAの配列は、ネズミの核のrRNA配列とはあまり似ておらず、むしろ細菌のrRNA配列に似ていることがわかった。

様々な生物の遺伝子配列を比較し、進化系統樹が作成された。この系統樹作成には、ゲノムの中のrRNA遺伝子の配列と、ミトコンドリアのrRNA遺伝子の配列が用いられた。

系統樹を作成した結果、ミトコンドリアのrRNAの配列は、どのような生物のミトコンドリアであっても互いに似ており、一つの枝（グループ）にまとまった。また、これらのミトコンドリアのrRNAの配列は、細菌類の中でもアルファプロテオバクテリアと呼ばれる種類の細菌の枝（グループ）に入ることもわかった。

これらは何を意味しているのか。じつは、この系統樹は「ミトコンドリアの祖先は、アルフアプロテオバクテリアであった」ことを意味している。太古の昔、アルファプロテオバクテリアが、真核生物の祖先に共生した。そして共生された真核生物の祖先が分岐・進化するとき、アルファプロテオバクテリアもまた、真核生物祖先の細胞と一緒に進化してきたのである。

現在の真核生物細胞中に存在するアルファプロテオバクテリアの子孫は、真核生物細胞の中で生育・分裂して維持されるが、細胞の外で生育する能力は失われている。これが、現在の真核生物細胞のミトコンドリアである。

植物の葉緑体は、一つの祖先から誕生した

ミトコンドリアと同じく、葉緑体についてもDNAの解読が進んだ。葉緑体DNAのrRNA遺伝子の配列を調べ、様々な生物のrRNA遺伝子の配列とともに系統樹の作成が行われた。系統樹を作成したところ、様々な種類の植物の葉緑体rRNA遺伝子の系統樹もまた、ひとまとまりになった。これは「あらゆる植物の葉緑体は、一つの祖先から誕生した」ことを意味している。

様々な植物の葉緑体rRNA遺伝子は、細菌の中でもシアノバクテリアの枝（グループ）にまとまった。これは、かつてシアノバクテリアの祖先が、植物の祖先の細胞に共生したことを意味している。植物の祖先細胞に共生したシアノバクテリアの祖先は、やがて植物が様々な植物種に分岐・進化するのに合わせて、植物細胞の中で植物細胞と一緒に進化してきたのである。

共生したシアノバクテリアは、現在では単独で生育する能力が失われている。これが、現在の植物細胞中に存在する葉緑体である。こうしたミトコンドリアと葉緑体の細胞への共生は、細胞内共生と呼ばれている。

真核生物の祖先は古細菌?

それでは真核生物の本体、すなわちミトコンドリアや葉緑体以外の部分は、どのような生物から誕生したのか。かつては「真核生物の本体は、古細菌の中から誕生した」という説と、「古細菌とも細菌とも違う生物から誕生した」という説の2種類が存在した。しかし、近年は「真核生物の本体は、古細菌の中から誕生した」という説でほぼ一致している。

真核生物は古細菌の中でも、「ロキ古細菌」という生物、あるいはそれを含む「アスガルド古細菌」の祖先から誕生したということが、ほぼ確かなものとなった。これらに属する生物群は、海底の泥などから遺伝子だけが見つかっていた。最近、その生物を培養することに、日本の研究者が成功した。

この生物群の特徴としては、それまで真核生物特有と思われていた遺伝子(たとえばアクチンやユビキチンなどをつくる遺伝子)を多数もっていることがある。また生物界共通の遺伝子を使って系統樹を作成すると、ロキ古細菌の枝の中に真核生物の枝が入っていることがわかった。すなわちロキ古細菌、あるいはそれを含むアスガルド古細菌の祖先から真核生物が誕生したことが、ほぼ確実になった。

複雑な真核生物の誕生

ただし真核生物の誕生過程は、それほど簡単なものではなかったかもしれない。これまでに解読された細菌や古細菌のもつ遺伝子数は数千ほどであるが、真核生物のもつ遺伝子数は数万以上にのぼる。これらの中には共通の遺伝子もあれば、それぞれの生物群特有の遺伝子も存在する。共通の遺伝子の系統樹を作成すれば、生物の進化の様子を知ることができる。もし、ロキ古細菌が真核生物の共通祖先であれば、真核生物の遺伝子はロキ古細菌の枝（グループ）の近くに位置づけられるはずである。

もちろんそうした遺伝子も存在するが、多くの遺伝子の系統樹を作成すると、必ずしもそうならなかった。真核生物の遺伝子の中には、同じ古細菌であってもロキ古細菌以外の古細菌由来の遺伝子も多数含まれていた。数の点からいうと、ユーリ古細菌と呼ばれる古細菌由来の遺伝子が最も多く真核生物に伝わっていた。

先述したように、ミトコンドリアは真核生物祖先に共生したが、ミトコンドリアの祖先であるアルファプロテオバクテリアからも多数の遺伝子が、真核生物へと伝わっている。もちろん、これは驚くには当たらない。しかし、それ以外の細菌、たとえばデルタプロテオバクテリアからも多数の遺伝子が真核生物に伝わっていた。

真核生物が誕生するとき、いったい何が起きたのか。その点に関しては、いまだ詳しいことはわかっていない。真核生物の祖先はロキ古細菌だとしても、そのほかにも様々な生物が一緒に融合したのかもしれない。あるいはウイルスを通じて、遺伝子がゲノムに取り込まれた可能性もある。

真核生物細胞の特徴としては、「細胞が大きいこと」「ゲノムが大きいこと」「核をもつこと」などが挙げられる。しかし核をつくる遺伝子が、どの生物から伝わったのかはわかっていない。どのような仕組みで細胞が大きくなったのか、どのような過程でゲノムが大きくなったのかもわかっていない。細胞が大型化したことについては、「今から約20億年前に、アルファプロテオバクテリアがロキ古細菌に細胞内共生したことが原因である」のかもしれないが、これもまだはっきりとはしていない。

酸素はなぜ必要か

このように、真核生物の誕生については、多くの謎が残されている。とはいえ、ミトコンドリアと葉緑体の細胞内共生が起きたこと、ロキ古細菌が宿主となって真核生物が誕生したという点は、ほぼ確実といえる。また、その時期は酸素濃度が上昇した時代と一致している。

そのため多くの研究者は、「おそらく酸素濃度の上昇によって、真核生物の誕生が引き起こされたのではないか」と考えた。しかし、その機構や理由をきちんと研究した論文は、ほとんど存在しない。

酸素濃度の上昇によって、何が起こったのか。もちろんエネルギーを大量に消費できるようになったということは、ある程度解明されている。しかし、酸素がなくても生物はエネルギーを獲得することができる。たとえば、酵母は酸素がない状態で糖を発酵してエネルギーを獲得する。様々な嫌気性微生物も酸素がない状態で、有機物からエネルギーを獲得できる。しかし、酸素が存在する状態で得られるエネルギー量は、酸素がない状態と比べて数十倍もの差が生じる。

古細菌の祖先が酸素を利用していたかどうかはよくわかっていないが、細胞内共生したミトコンドリアは、酸素呼吸を行うことで細胞にエネルギー供給する。これが、真核生物細胞が大きくなったことに寄与したのかもしれない。

また、酸素があることで初めて、真核生物に必要な成分がつくられたという可能性も考えられる。つまり、酸素が関与することで、真核生物誕生に必要な分子が合成されたという可能性である。しかし、「なぜその分子が、真核生物誕生に必要だったのか」というところまで踏み込んだ議論は、今のところ報告されていない。酸素呼吸と酸素が関与した代謝が、真核生物の誕生に関係していることは確かだが、その詳細はいまだ不明である。

原生生物の分化

今から約24億〜21億年前に起きた酸素量の増加により、単細胞真核生物が地球に誕生した。これら単細胞真核生物は、「原生生物」とも呼ばれている。少し前までは「原生動物」といわれていたが、「動物」ではないことがはっきりしてきたので、現在では「原生生物」の名称が使われている。

原生生物の細胞のサイズは、細菌など核をもたない原核生物と比べて10倍以上も大きい。およそ19億年前の地球に誕生した原生生物は、今から約16億年前に多くの種類へと分化していった。**図3-3**中に細線で描いた生物は単細胞の真核生物、すなわち原生生物である。

この時代に原生生物は、様々な形の細胞へと変化した。ひらひらの帯のようなトリパノゾーマ、鞭毛《べんもう》と眼点を備えて泳ぎ回るミドリムシ、いくつかの細胞がくっついて四方に棘《とげ》を出したイカダモ、鞭毛の周りを取り囲むラッパのような襟をもつ襟鞭毛虫、細胞口・細胞肛門などの餌を捕食して消化する構造をもつ繊毛《せんもう》虫（ゾウリムシの仲間）……様々な構造の原生生物が、

図3-3　真核生物の進化

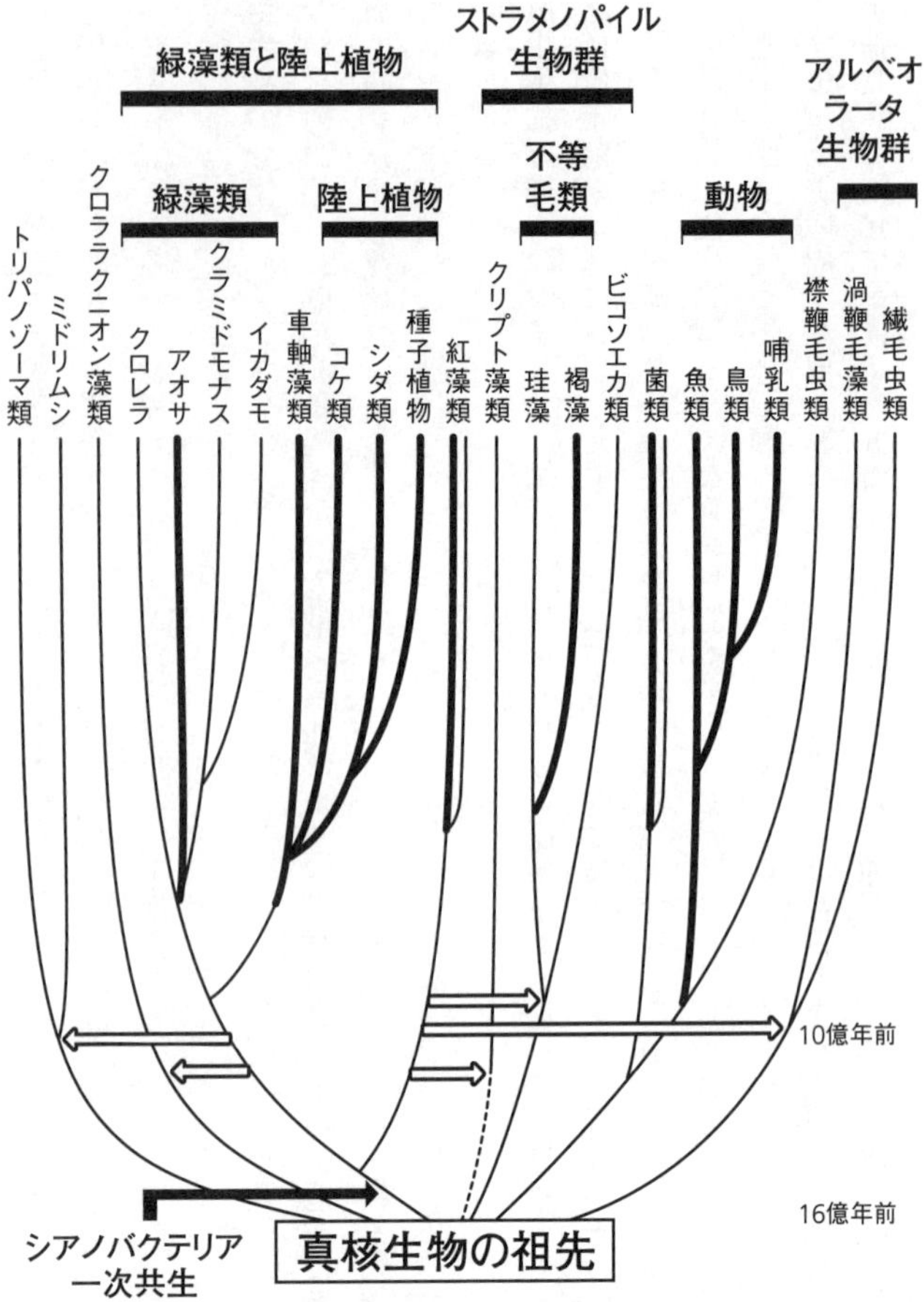

約19億年前に誕生した単細胞真核生物は、今から16億年ほど前に多くの種に分化した。その中の一つにシアノバクテリアが細胞内共生して、紅藻の祖先が誕生した（実線矢印）。紅藻と緑藻が分化し、他の単細胞真核生物に細胞内共生した（白抜き矢印）。これらは二次共生と呼ばれる。これら原生生物のいくつかは、10億年ほど前に多細胞化した（太線）。

様々な細胞形態を試行錯誤し、様々な環境へと分布していった。

真核藻類の二次共生

原生生物の試行錯誤の一つに、多様な藻類の誕生がある。紅藻《こうそう》や緑藻など陸上植物の祖先に、シアノバクテリアが共生した。シアノバクテリアが共生した生物は、単細胞紅藻と単細胞緑藻に分岐した。

その後、二次共生という現象が起きた。単細胞紅藻と単細胞緑藻が、それぞれ別の原生生物に細胞内共生した。この過程は「真核藻類の二次共生」と呼ばれている。

図3－3に示した白抜き矢印は、二次共生を示している。ミドリムシは、トリパノゾーマの祖先に緑藻が二次共生したもの、珪藻《けいそう》と褐藻《かっそう》は単細胞紅藻がビコソエカ類に二次共生したもの、渦鞭毛藻は単細胞紅藻が繊毛虫に二次共生したものである。

これらは「核をもつ生物が、核をもつ他の生物に共生した」わけだが、こうした細胞内共生はさほど珍しいものではない。この時期だけでも、複数回の細胞内共生が起こっている。

原生生物の多細胞化

そして今から10億年ほど前、それまで単細胞であった原生生物が多細胞化しはじめた。単細胞の緑藻から、アオサなど多細胞緑藻と車軸藻類が誕生した。

単細胞の紅藻から、アサクサノリに代表される多細胞の紅藻が生まれた。単細胞の珪藻からコンブの仲間である褐藻が誕生した。菌類と呼ばれるカビの仲間から、キノコの仲間である担《たん》子《し》菌類が生まれた。そして襟鞭毛虫と呼ばれる単細胞生物から、多細胞動物が誕生した。この多細胞動物から、昆虫や魚類、爬虫類《はちゅうるい》、鳥類、哺乳類などすべての動物が誕生している。

真核生物が多細胞化するのは珍しいことではない。このように原生生物の多細胞化は何度も起こっている。

全球凍結と酸素濃度上昇

今から約7億年前と約6億4000万年前、地球が全球凍結し、その直後に酸素濃度の急上昇が起きた。それまで、0・2パーセント程度だった酸素濃度が、現在とほぼ同じ約20パーセントにまで増加した。

最初の全球凍結、今から約23億年前と同じようなことが起こったのではないかとも考えられるが、およそ10億年前の地球の大気中には、すでに0・2パーセント程度の酸素が存在していた。したがって、メタンや二酸化炭素濃度は、この時期すでに低下していた可能性が高い。そうなると、今から約23億年前と同じような仕組みで全球凍結が再度起こったとは考えにくい。

では、何があったのだろうか。

二〇二〇年、「今から約7億年前と約6億4000万年前の全球凍結と、その後の酸素濃度急上昇のきっかけとなったかもしれない現象」が見つかった。その現象とは、隕石の大量衝突である。

月には多くのクレーターが見つかっているが、それらはいつ頃に形成されたのか。半世紀ほど前から、こうしたクレーターの年代推定が行われている。

大きなクレーターの内部は、中央部の丘を除いてほぼ平らになる。そこに小さな隕石が衝突すると、小さいクレーターを形成する。その小さなクレーターの密度を数えると、大きなクレーターができてから今日までの年代が推定できるというわけである。こうした研究は「クレーター年代学」と呼ばれている。

大阪大学の寺田健太郎教授らは、月のクレーターの年代を推定する中で、今から約8億年前に突如、隕石衝突が大幅に増えたことを発見した。このとき降り注いだ隕石の起源も推定された。隕石の起源は、火星と木星のあいだに位置する小惑星帯にある一群の小惑星であろうと推定された。

小惑星帯の中には、いくつかのグループの小惑星が重なって存在している。その中にある反射率の低い黒っぽい小惑星の一群は「オイラリア族」と呼ばれる。これらの小惑星は、「今から約15億〜9億年前、100〜160キロメートルの大きさの小惑星が破壊されてつくられたのではないか」と推定されている。

今から約8億年前、月において隕石衝突の回数が突如として増えた。そうだとすれば、月との距離が近い地球にも、約8億年前に隕石衝突が頻発したはずである。

隕石衝突は一時的に地球の大気温度を上げるが、巻き上げられた粉塵により、やがて長期間寒冷化していく。今後もう少し研究が進むと、およそ8億年前の隕石衝突と、地球の全球凍結との関連が明らかになってくるだろう。

まったく別の研究ではあるが、地球史上の海洋堆積物中のリンの濃度が測定され、「過去の海洋堆積物中のリンの濃度は極めて低かった」ことが明らかになった。ところが、今から約8億〜6億5000万年前の時代に、リンの濃度が急増したのである。

これらの事実の相互関係や因果関係は、まだはっきりとわかっていない。しかし、今から8億年ほど前の時代に、100〜160キロメートルの大きさの天体が破壊され、多数の小惑星と隕石が生まれた。おそらく、月の表面のクレーターに残されている痕跡は、それら多数の小惑星と隕石の衝突によってつくられたものだろう。

地球に当時の痕跡は残されていないが、同時期に多くの小惑星と隕石が、地表に衝突したはずである。計算によると、今から約6600万年前の恐竜絶滅時に衝突した際の30〜60倍の量の隕石が、8億年ほど前に地球に衝突したと推定されている。
それにより、多量のリンが地球にもたらされた可能性がある。宇宙からもたらされたリンによって海洋中の光合成が盛んになり、大気中酸素濃度の大幅な増加が引き起こされたのかもしれない。

カンブリア爆発

今から約7億年前と約6億4000万年前に起こった2回の全球凍結と、その後の酸素濃度の上昇と同じ時期に、様々な原生生物の多細胞化が進行した。先カンブリア時代末期の10億〜5億年前のあいだに、突如として今日見られる動物の「門」[*4]が出そろったのである。動物の種類が一気に増えたことから、動物種の「カンブリア爆発」と呼ばれている。

*4 門は生物を分類するときに用いる階級の一つ。生物の分類は、界・門・綱・目・科・属・種と大きな分類から、最小の単位まで階級をつけて呼ぶ。さらに上の階級にドメインがある。

この時期の多細胞動物の化石は、ほとんど残されていない。したがって、カンブリア紀における多細胞動物の進化は、現存する生物の発生過程（受精卵から育っていく過程）の比較により推定されている。

最も単純な構造をもつ多細胞動物である海綿には、襟鞭毛虫とそっくりな細胞が残されている。先述したように、多細胞動物の進化の多くが、現在では遺伝子配列に基づく系統樹作成で裏付けられている。

前口動物と後口動物

多細胞動物の受精卵は細胞分裂を繰り返し、ゴムボールの表面に細胞が並んだような形状の胞胚という段階へと進む（図3-4）。その後、胞胚の1カ所に凹みが入るが、この状態で親となった生物がイソギンチャクやクラゲといった腔腸《こうちょう》動物である。

この凹みは「原腸陥入」と呼ばれている。原腸陥入は、やがて反対側まで到達するが、つながった片方の穴が口に、他方が肛門になる。地球の生物は、この段階で二つの方法を試している。一つのグループは原腸陥入を口にし、もう一方のグループは原腸陥入を肛門にしている。原腸陥入を口にする動物群は前口動物、つまり口が先にできた動物と名付けられた。原腸陥入を肛門にする動物群は後口動物、つまり口が後からできた動物と呼ばれている。

これら二つの生物群が誕生したのは今から約9億年前と、遺伝子の系統樹から推定されている。その後、およそ6億5000万年前までに多くの動物門が誕生した。

図3-4　後口動物(上)と前口動物(下)

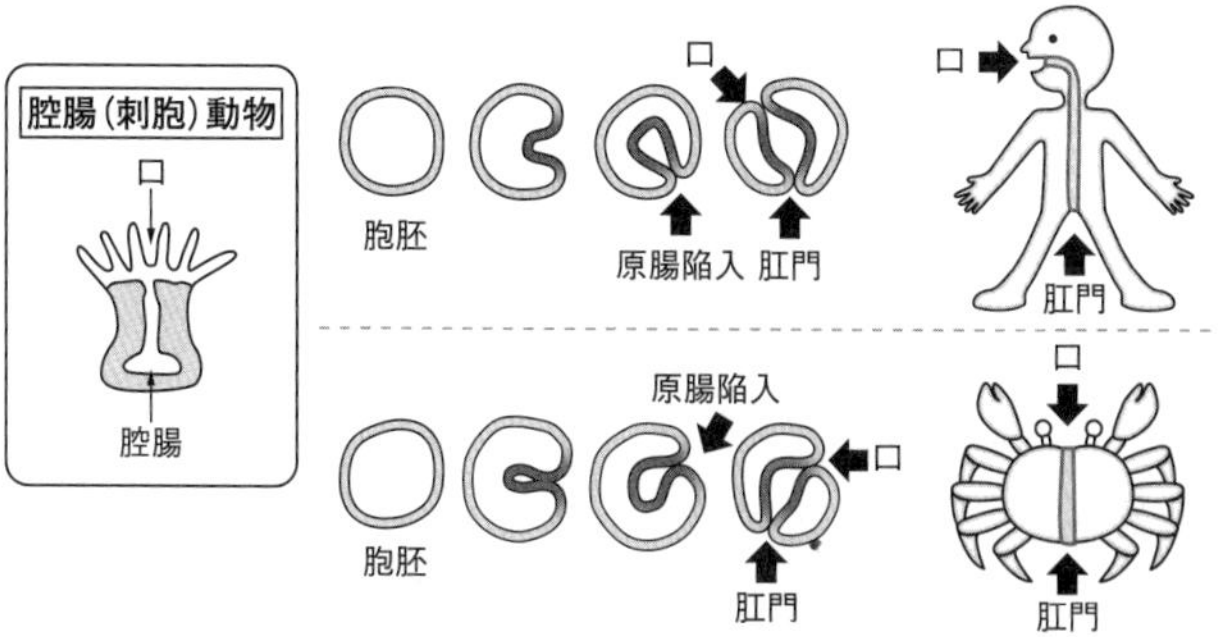

後口動物(脊椎動物など)は原腸陥入が肛門に、前口動物では原腸陥入が口になる。左端は腔腸動物で口から取り入れた餌は腔腸で消化され、消化されなかったものは口から排出される。

出典：Adomarine.web.fc2.com/gallery/ gallery15.html

魚類や両生類、爬虫類、鳥類、哺乳類は、それらの一つ「脊索動物門」に属している。イカ、タコ、貝類は軟体動物門、昆虫、サソリ、クモは節足動物門、ミミズは環形動物門などなど、多くの動物はそれぞれ別の門としてこの時期に誕生した。これら20以上の門は、現在にまで子孫を残している。

カンブリア爆発における形態形成進化

この時期に誕生した動物は、「口が先にできたか、後にできたか」といったように、種類によって身体の基本形態が大きく異なっていた。背と腹の向きが異なる動物も生まれた。種類によっては足の数も違っていた。そのほか、眼がなかったり数も違っていたりした。背骨があったりなかったり、外骨格があったりなかったりした。このように、様々な形態をした20以上の異なる動物門が誕生したのである。[*5]

＊5　生物の身体の変化（進化）は少しずつ起こると考えられてきたが、最近の発生に関する遺伝学的研究から、遺伝子の転写制御（遺伝子発現のオン・オフを行う）によって身体の構造が大きく変わることが明らかになった（『細胞の分子生物学　第6版』第21章／ブルース・アルバーツほか著、中村桂子・松原謙一監訳、ニュートンプレス〈２０１７〉）。いくつもの形態形成に関与する遺伝子が見つかっているが、それらの遺伝子が前口動物と後口動物の分岐後に種類と数を増やしている。これがカンブリア爆発における形態形成進化を起こしたと推定される。

これは何を意味しているのか。分岐して異なる生物になるとき、その進化はでたらめに起きるということを意味している。つまり、生物は自ら最適になることを考えているわけではなく、「可能なことを試しているだけ」なのである。

試した方法が、どこかの環境でそれなりに適していれば、その生物は生き残る。その環境に適していなければ生き残らないだけである。生物自身がとくに考えて、そうしているわけではない。生物は様々な突然変異を試しているだけだといえる。

中生代末の大量絶滅

地球上の生物は単調に進化していくわけではなく、ある時期――地質年代において幾度か――大量に絶滅した。そうした現象は、大量絶滅と呼ばれている。

今から約6600万年前、[*6]中生代末の地層は黒色をしている。この地層は世界全域で見つかっており、場所による違いはあるが、厚さは数センチから数メートルで黒色の煤《すす》を含んでいる。

＊6　地質年代区分は、研究の進展によって現在も修正され続けている。区分年は、国際層序委員会（International Commission on Stratigraphy／国際地質科学連合に属した委員会）が、最新の研究結果を取り入れて決めている。本書では v 2022/10 に基づいて区分年を記載した。

この地質年代よりも前の時代の地層からは、多くの恐竜の化石が発見されている。一方、この地質年代よりもあとの時代の地層からは、恐竜の化石が見つかっていない。また、この地層から発見される植物の花粉は、その前後の地層と比べて非常に少ない。

さらに、この地層は前後の地層と比べてイリジウムが高濃度で含まれており、「衝撃石英」と呼ばれる石英の粒も見つかっている。石英は非常に硬いにもかかわらず、この衝撃石英には多数のひびが入っている。おそらく極めて強い衝撃波によってひびが入ったのだと推定された。

北米大陸の内陸部には、当時の津波によって運ばれた岩などの津波堆積物がいくつも見つかっている。また地中レーダーの探査により、中米メキシコのユカタン半島北部から、およそ6600万年前のクレーターの跡が発見された。

これらの証拠を総合し、大量絶滅のシナリオが推定された。それによると、今から約6600万年前に直径10キロメートルの微惑星が、ユカタン半島の北部に衝突した。この衝突によって起きた津波は、北米大陸の内部にまで到達した。

微惑星が地表に衝突した衝撃波により、衝突石英ができた。衝突した隕石の破片と地殻表面の破片は、大気圏の外にまではじき出されたのちに大気圏へ再突入する。その際、加熱された破片が、地球各地で森林火災を起こした。

森林火災により、地球上に煤が舞い上がった。そして隕石に含まれていたイリジウムが、地球の全表面へと広がった。高温になった隕石および地殻断片と大気との反応により硫酸が生成され、その後、酸性雨となって地表を酸性化していった。さらに、衝突によって大気中へ巻き上げられた粉塵により、太陽光が数カ月間も遮られた。

これらの効果により、植物の光合成が長期間停止した。光合成が止まったことで、植物を直接・間接に食料とする草食・肉食の大型動物が死滅した。その中には恐竜も含まれていた。

この惨事を生き延びた陸上の脊椎動物は、当時約26キログラム以下の小型の爬虫類（ワニ、カメ、ヘビの祖先）と鳥類、哺乳類の祖先などであった。胞子や種子をつくる植物やカビ、海中の生物もまた多くは生き延びることができた。

複数回起きた大量絶滅

地球の歴史で大量絶滅が起きたのは、中生代末だけではない。海中に棲む生物の種類（分類群の科の数）を調べると、カンブリア紀から現代に至るまでずっと増え続けているが、およそ6600万年前に一度減少しているのがわかる（図3－5）。

しかし科の数において、それよりもはるかに大きな減少が、古生代ペルム紀末期に起きている。さらによく見ると、ペルム紀末以外にも古生代オルドビス紀末、古生代デボン紀末、中生代三畳紀末、ジュラ紀末において、科の数が減少している。ジュラ紀末の絶滅は、ほかの時代よりも若干少ないので、ジュラ紀末を除くとこれまでに5回、ジュラ紀末を含めれば6回の大量絶滅が起こったことになる。

これらのうち絶滅の原因がはっきりわかっているのは、白亜紀末の大量絶滅のみである。そのほかの大量絶滅の時期にも、隕石の衝突はなかったのかが調べられたが、現在のところその証拠は見つかっていない。

古生代ペルム紀末の大量絶滅は、これまでの地球で起こった絶滅の中でも最大規模のもので

図3-5　顕生代における科（海棲動物のみ）の増加速度

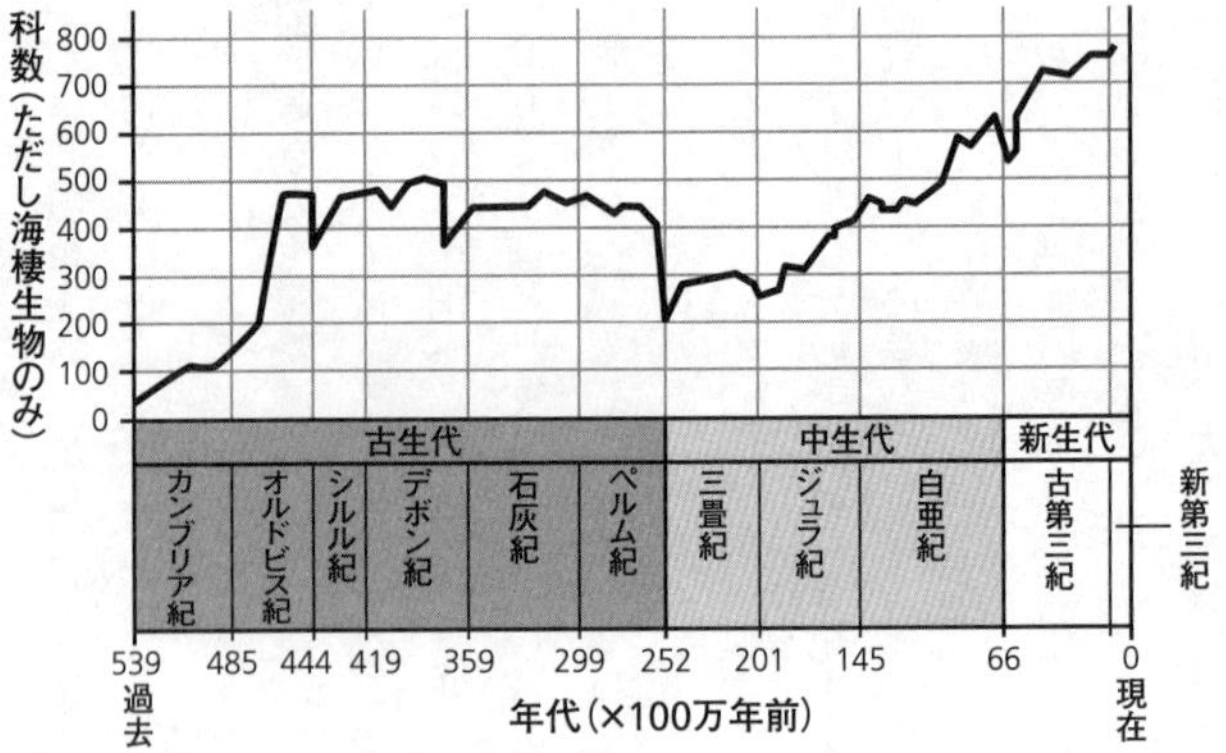

出典：Biodiversity: Past, Present, and Future. J. John Sepkoski, Jr.. J. Paleont., 71(4), pp. 533-539(1997)

あった。このペルム紀末の大量絶滅に関しては、白亜紀末に次いで詳しい経緯がわかってきている。この時期、海中の酸素濃度が大幅に減少したのだが、その原因は激しい火山活動であった。このときの火山活動は、「大量のマグマが、マントルから上昇したことが原因であった」と推定されている。

それぞれの大量絶滅以降、その時代よりも前に繁栄していた生物は見られなくなった。古生代末には三葉虫が、中生代末にアンモナイトが絶滅している。以前から、三葉虫やアンモナイトは、古生代と中生代の示準化石として知られていた。示準化石とは、「それらが見つかると、その地層は古生代（中生代）である」と判定するための指標として使われる化石である。

大量絶滅後の適応放散

大量絶滅の後には、多数の新たな種が誕生したが、この現象は「適応放散」と呼ばれている。ひとたび大量絶滅が起きると、多くのニッチ（生態的地位）が空くことになる。ニッチとは生物の生存する場所のことで、大量絶滅後は様々なニッチに新しい種が棲み着いていった。

生態学におけるニッチは、場所だけを意味していない。餌や繁殖方法など、生存の様式がほんの少しでも違えば「異なったニッチが存在する」と考える。ニッチに生物種がいない場合は「空いたニッチ」という。それぞれの地質時代には、特有の生物種が様々な空いたニッチに適応放散しながら繁栄していった。

カンブリア紀には、背骨をもたない外骨格の三葉虫が海中で繁栄した。三葉虫はオルドビス紀末に、部分的な絶滅を経験している。デボン紀末には限られた種を残してほとんど絶滅し、ペルム紀末にはその限られた種も最終的に絶滅した。このことから、三葉虫は古生代の示準化石となっている。

魚類の誕生

カンブリア紀には、脊椎をもつ魚類も生まれた（図3-6）。カンブリア紀に誕生した魚類は、無顎類（顎をもたない種類）であった。現在も生きている無顎類の口は顎がなく漏斗状を

図3-6　脊椎動物の進化

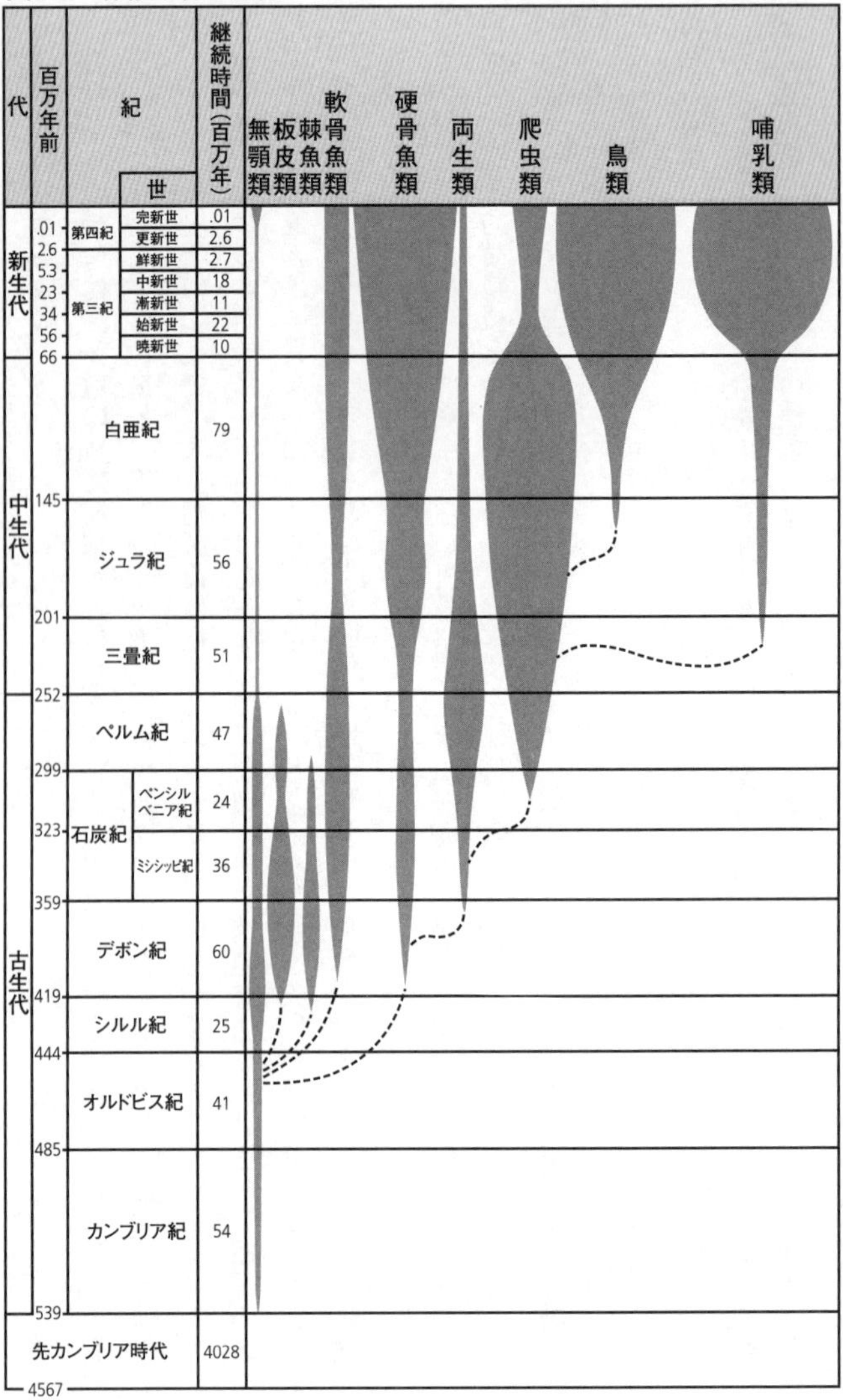

出典：Colbert's Evolution of the Vertebrates. E. H. Colbert et al. 5th ed. John Wiley & Sons, Inc.（2001）

しており、その内側には同心円状に歯が生えている。こうした無顎類が、カンブリア紀に繁栄した。

デボン紀になると板皮《ばんぴ》類、棘魚《きょくぎょ》類、軟骨魚類、硬骨魚類など様々な魚類が誕生した。これらは、いずれも顎をもつようになった魚類である。

哺乳類の適応放散

デボン紀の次の石炭紀には両生類が、その次のペルム紀には爬虫類が、新生代には鳥類と哺乳類が適応放散していった。鳥類と哺乳類は中生代にはすでに誕生していたが、適応放散したのは恐竜絶滅のあとであった。

同じ顎をもつ魚類でも、いくつかの種類には大量絶滅が起こり、そののち種類の交代が起きた。デボン紀末に節頸《せっけい》類が絶滅すると、軟骨魚類（サメ、エイの仲間）と軟質類（現存種ではチョウザメの仲間）が、中生代三畳紀には軟質類と原始新鰭《しんき》類（現存種ではダツの仲間）が種を増やしている。

両生類では、中生代三畳紀末に分椎類（石炭紀から白亜紀まで生息した両生類の一群）が絶滅したが、その代わりカエル類が増えた。爬虫類では、三畳紀末にプロコロフォン類、プロラケルタ類、偽竜《ぎりゅう》類、板歯《ばんし》類、槽歯《そうし》類、獣弓《じゅうきゅう》類などが絶滅したが、その代わりにカメ、魚竜、首長竜、ワニ、翼竜、竜盤類、鳥盤類が増えていった。

生物は「ダーウィン進化」により、新しいニッチに侵入する。ダーウィン進化とは、以下のような進化を指す。まず多くの子孫が誕生し、その中で変異が完全にでたらめに起きる。多くの異なった個体が生まれ、その中からそれぞれのニッチに少しでも適応した個体があると、より生存の可能性が高まる。生存した個体は遺伝の仕組みにより、その形質を広げていく。結果的に、それぞれのニッチに適応した個体が選択されるのである。

そのときの変異は、完全にでたらめに起きる。生物はそのとき考えない。生物が考えて変異を起こすことは決してない。完全にでたらめな変異の中で、環境に適応した個体が選ばれるのである。

恐竜の繁栄した中生代に、すでに哺乳類は誕生していた。しかし中生代に、哺乳類が恐竜に置き換わることはなかった。白亜紀末期、恐竜が大量絶滅し、その空白のニッチを埋めて有胎盤類[*7]の様々な種類が新生代第三紀に適応放散した。

＊7　哺乳類は子供を乳で育てる脊椎動物であるが、現生哺乳類は「胎盤をもつ有胎盤類」「袋で子供を育てる有袋類」「単孔類（カモノハシの仲間）」からなる。

図3-7　ヒト乾燥重量に占める元素の割合

元素	乾燥重量（%）	元素	乾燥重量（%）
C	61.7	F	痕跡
N	11.0	Si	痕跡
O	9.3	V	痕跡
H	5.7	Cr	痕跡
Ca	5.0	Mn	痕跡
P	3.3	Fe	痕跡
K	1.3	Co	痕跡
S	1.0	Cu	痕跡
Cl	0.7	Zn	痕跡
Na	0.7	Se	痕跡
Mg	0.3	Sn	痕跡
B	痕跡	Mo	痕跡

生物は使える元素を利用した

生物は、そのとき身近にある元素から適当なものを選択し、目的に合わせて使用する。生物が主に有機化合物と水からできていることは、すでに説明した。有機化合物を構成する元素は炭素を骨格として、窒素、酸素、水素が分子の性質を変えて様々な機能を発現している。生物に使用される主要な元素の一つであるリン酸は、化学反応やエネルギー代謝を媒介している。このほかにも生物は様々な元素を使っている。

図3－7は、ヒト乾燥重量に占める元素の割合を示したものである。ヒト乾燥重量に占める元素の割合は、炭素（C）、窒素（N）、酸素（O）、水素（H）の順に多い。それ以外の元素の多くは、イオンの状態で存在している。カルシウム（Ca）、カリウム（K）、塩素（Cl）、ナトリウム（Na）、

マグネシウム（Mg）、ホウ素（B）、フッ素（F）などのイオンが、ヒトの身体には含まれており、これらの元素のイオンは細胞質成分として使われている。また、これらのイオンは多細胞動物においては、細胞外液成分としても用いられる。

細胞内で利用されるイオンの種類については、かなり融通が利くようになっている。たとえば「イオンの電荷がプラス1のアルカリ金属イオンであれば、カリウムでもナトリウムでもどちらでもよい」という場合が多い。また「イオンの電荷がプラス2のアルカリ土類金属イオンであれば、カルシウムでもマグネシウムでもどちらでもよい」という場合も多い。さらに「イオンの電荷がマイナス1のハロゲンイオンであれば、塩素でもフッ素でもよい」という場合も多い。つまり多くの場合、イオンの電荷が問題ではあるが、具体的にどのようなイオンであるかが細胞内で問われることはあまりない。

こうした細胞内外でのイオンの濃度差は、シグナル伝達に利用されている。神経細胞でいうと、細胞の中にはカリウムイオンが多く、細胞の外にはナトリウムイオンが多いが、この二つのイオンの細胞内外の濃度差を利用することで膜内外の電位差をつくり出し、神経伝達に利用している。

そのほかにも、カルシウムイオンは筋肉が収縮するときのシグナルに使われている。このように多細胞動物は、細胞膜内外のイオンの濃度差を利用して筋肉や神経細胞のシグナルを伝達している。これらのイオンは、いずれも海水中に大量に存在する。多細胞生物は、海水から入手可能なイオンを使って、シグナル伝達をはじめた。

負のイオンになる塩素やフッ素といった元素に関しては、正のイオンのカウンターイオン（電荷バランスをとるためのイオン）として機能していることは間違いない。ただ、それ以外の機能については、今のところよくわかっていない。

極微量の金属イオン

図3－7の表内に「痕跡」とあるのは、極微量という意味である。その極微量の元素は細胞や体液に含まれているが、量自体は非常に少ない。それらのうち、いくつかの金属元素は特殊な用途で用いられている。

たとえば鉄は、特殊なタンパク質で使われている。ミトコンドリアや微生物細胞膜の中には、チトクロームやフェレドキシンと呼ばれるタンパク質が存在し、それらの中で鉄が酸化還元反応をする因子として使われている。鉄が三価と二価のあいだで電子を受け取ったり、電子を他の分子に与えたりする反応に利用されている。

鉄は自然界で非常に多く存在する元素であり、すべての生物が鉄を使ったタンパク質をもっている。コバルト（Co）、モリブデン（Mo）、亜鉛（Zn）も特殊な酵素の補因子として使われているし、セレン（Se）は特殊なアミノ酸の成分となっている。

銅（Cu）、鉄（Fe）、亜鉛（Zn）、マンガン（Mn）、ニッケル（Ni）などの金属元素は、スーパーオキシドジスムターゼという酵素として使われている。好気性生物にとって酸素は、なくてはならない元素であるが、呼吸で酸素を使う過程において副産物としてスーパーオキシドという厄介者が生じてしまう。このスーパーオキシドは、酸素が電子を受け取ることで発生する、超酸化的分子である。

スーパーオキシドは、様々な生体分子を壊してしまう。そこで細胞内にはスーパーオキシドジスムターゼと呼ばれる、スーパーオキシドを除去する酵素が存在する。スーパーオキシドジスムターゼの成分として、銅、鉄、亜鉛、マンガン、ニッケルといった金属元素が使われている。

使われる金属元素は、生物によって異なり、それぞれの生物の生育環境によって手に入りやすい金属元素を使っている可能性が高い。地球上の酸素濃度が上昇した時期に、様々なスーパーオキシドジスムターゼが誕生したことがわかってきた。おそらく生物は必要なときに、手に入りやすい金属元素を使ったということなのかもしれない。

これらの金属イオンは、特殊な機能のために極微量使われる。自然環境にはこうした元素は水中や土中に極微量含まれているので、直接もしくは餌の中に含まれる成分として摂取することができる。

特殊な元素の利用

特定の生物では、特定の元素をかなり大量に使っている場合もある。たとえば、ヒトの元素構成の中でカルシウムは、主に骨の材料として利用されている。カルシウムとリン酸がつくるリン酸カルシウムは、硬くて強度が高いので骨や歯の材料として使われている。これは、他の脊椎動物についても同様で、多くの生物でリン酸カルシウムは骨や歯の材料として使われている。

カルシウムは、地球の地殻に多量に含まれている元素である。水に溶け出すので、比較的手に入りやすく、古生代初期、魚類は誕生して間もない時期に水中のカルシウムを体内に取り込んで骨の成分とした。

貝類もカルシウムを、殻の成分として利用している。ただし、貝類はリン酸カルシウムではなく、炭酸カルシウムを殻の成分としている。炭酸も海水中に溶け込んでいるので、入手しやすい成分である。

貝の中には、非常に特殊な殻をもつものも存在する。深海では、炭酸カルシウムの溶解度が上がるので溶けやすくなる。海底熱水噴出孔周辺で、炭酸カルシウムの代わりに熱水内に高濃度で含まれている硫化鉄を使った殻をもつ巻貝が発見された。つまり巻貝にとって殻の材料は、硬ければ何でもよいといえる。

炭酸カルシウムが環境中に多ければ炭酸カルシウムを、硫化鉄が多ければ硫化鉄を利用する。巻貝は殻の材料として、身近にあるものを使っているのである。

ちなみに放散虫という単細胞生物は約19億年前、多くの原生生物と同じ時期に誕生した。その放散虫は単細胞であるが、細胞の周りがケイ酸の殻で覆われている。

ケイ酸は地球の地殻に、大量に含まれる岩石の成分である。ケイ酸はカルシウムと比較すると、水中での溶解度は低いが量は多いので、いくらでも入手することができる。現在、堆積岩中に見つかるチャートと呼ばれる岩石は、地質年代の放散虫が堆積したものが多い。

これらの元素は種類によって異なるが、それぞれの生物が「身近にある元素を利用して、殻をつくった」といえる。殻の材料は硬ければ何でもよい。身近に大量にあれば、それを材料として利用している。

第4章　元素で知るサピエンス史

人類誕生

新生代は哺乳類の時代である。新生代になると、陸・海・空の様々な場所で、様々な餌を食べる哺乳類が誕生した。このとき生物は何も考えていない。完全にでたらめな変異を試しただけである。

多くの変異型の子孫の中で少しでもある環境、すなわちニッチに適応した個体が存在すると、その個体の生存確率は高まる。その結果、ニッチに対して、その個体が選択される可能性が上がる。その繰り返しにより、様々なニッチに適応した多数の哺乳動物群が新生代初期に誕生した。

それらの中にはサルの仲間、霊長類も含まれていた。霊長類は、哺乳類全体からすればそれほど大きなグループではないが、少しずつ異なった環境で、少しずつ異なった身体の構造をもつサルの仲間が新生代の中頃に誕生していった（図4－1）。

今から数百万年前、人類は類人猿から分岐した。類人猿とは、ヒトに似た形態をもつ霊長類の名称である。

人類の進化は、かつては「段階の異なる人類が直系子孫として、猿人→原人→新人と進化してきた」と理解されていた。しかし、現在では、人類の進化はもっと複雑だったことが明らかになっている。

図4-1　霊長類の進化

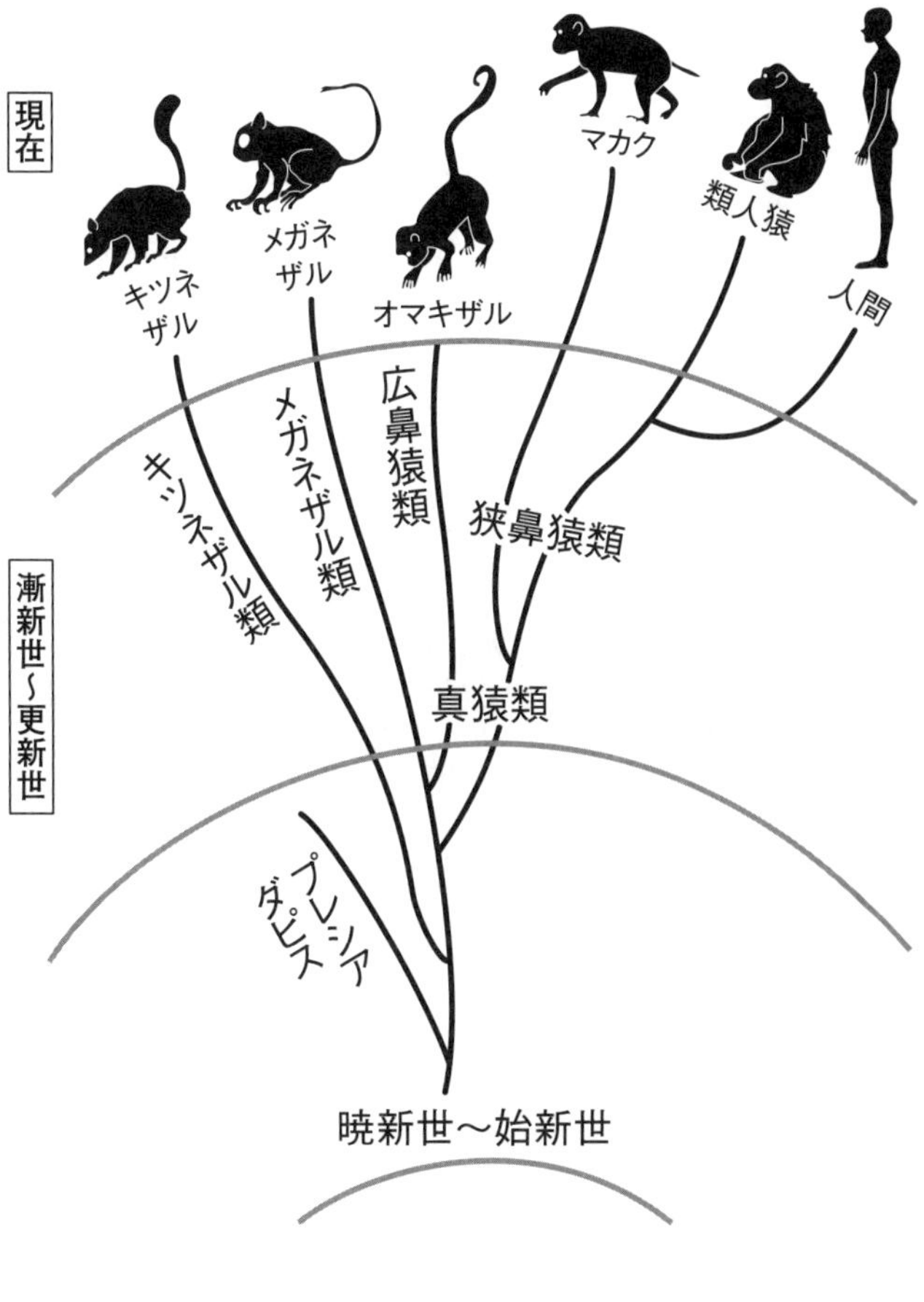

出典：Colbert's Evolution of the Vertebrates. E. H. Colbert et al. 5th ed. John Wiley & Sons, Inc.（2001）

図4－2は、類人猿から分岐した人類が進化する様子を示している。図中で同時期に複数の帯が併存しているのは、複数の人類が同時期に生きていたことを表す。いくつもの人類が次々に誕生しては、次々に絶滅していった。最後に生き残った1種が、我々現生人類、すなわちホモ・サピエンスである。

人間の道具の利用

長いあいだ、「人類だけが言語を生み、道具をつくり出し、それらを操る」と思われていた。ところが道具を使う動物は、人間以外にも様々な種類で見つかっている。

たとえばチンパンジーは、石を使って硬い木の実の殻を割る。さらに草の茎をシロアリの巣穴に突っ込み、シロアリ釣りをする。つまり、チンパンジーは石や草の茎を道具として使っている。

また鳥類は、しばしば小枝や枯れ草、土を使って巣をつくる。インドシナ沖に生息するメジロダコはココナッツの殻を見つけて、それを二つ組み合わせて隠れ家にする。

魚類にも巣をつくる種が存在する。イバラトミヨのオスは、水草や木の根を粘液で固めて巣をつくり、そこにメスがタマゴを産む。

「道具をつくり出す」ことができるのも、人間だけではない。ニューカレドニアのカレドニア

図4-2　人類の進化

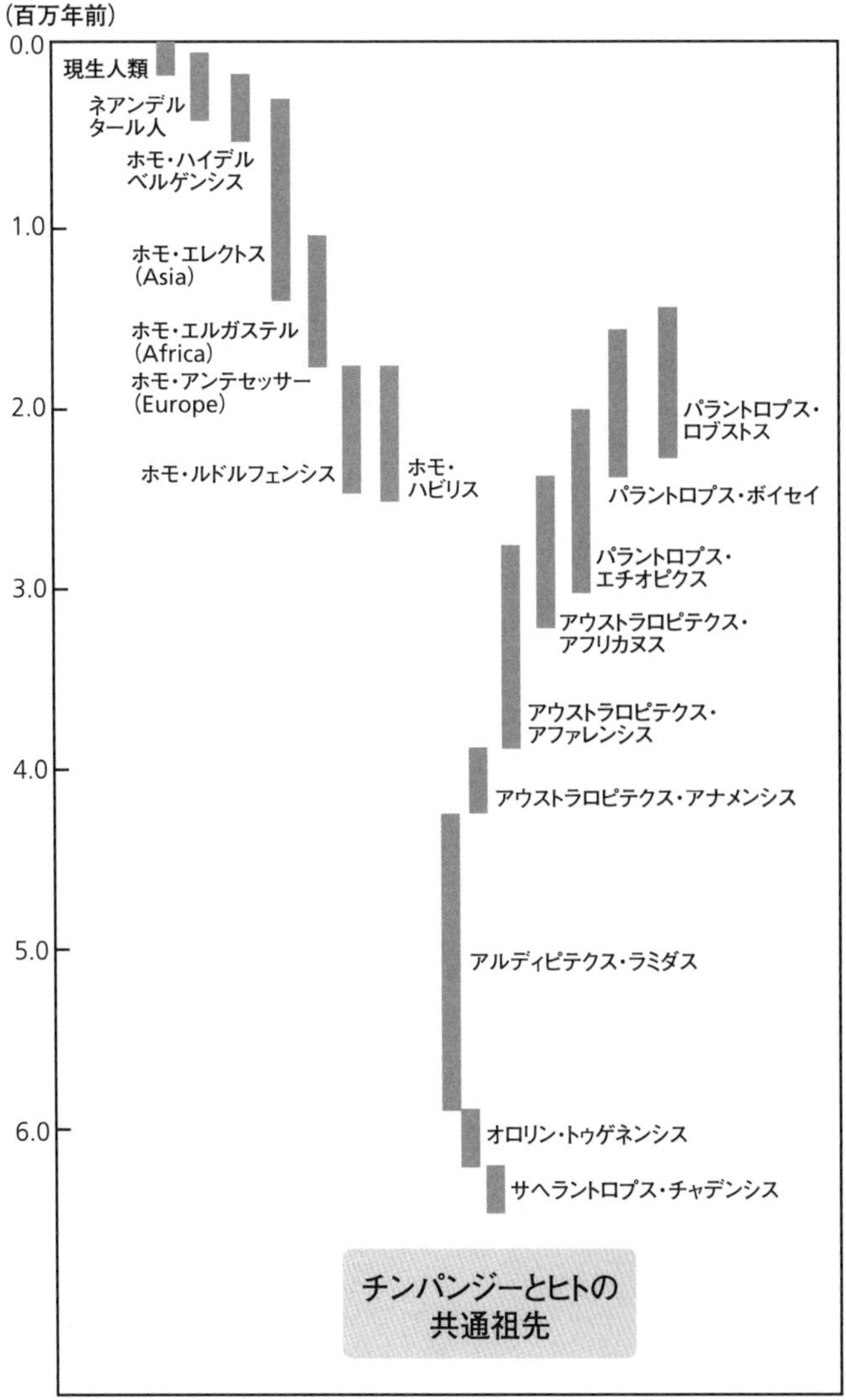

出典：M. Hiraiwa-Hasegawa in "Astrobiology". A. Yamagishi et al Eds. SpringerNature Singapore(2019)

ガラスは、小枝をくちばしで整えて、虫の幼虫を木から取り出すための道具をつくる。道具をつくるのは、人類だけの特徴とはいえない。

言葉を話す

鳴き声で「情報のやり取り」をする生物は多い。動物や鳥類の多くは鳴き声で、情報の伝達をする。実際、生まれて間もない幼獣や幼鳥は鳴き声で親を呼び、餌を要求する。

オスがメスを誘うために鳴き声（音）を使うのは、動物や鳥類だけに限らない。昆虫はメスを誘うために音を使う。キリギリスやコオロギの仲間は、呼吸器とはまったく別の機構、羽を震わせることで音波を出してメスを誘う。

もちろん、これらは単なる音による伝達であって、人類による言葉の利用とは意味が異なる。人類は単語を組み合わせることで、複雑な内容を表す文章を使いこなす。「文章を使うのは、人類だけである」と、これも長らく信じられてきた。

しかし、ごく最近、鳥類の一種シジュウカラの仲間が「単語を組み合わせた文章を用いて、意思の疎通を行っている」ことが明らかとなった。タカやヘビを表す別々の単語と、警戒を表わす単語を組み合わせることで、脅威のパターンによってそれぞれ違った形の警戒行動をとっていることが観察されたのである。

図4-3　脳重量の変化

種	推定脳重量(g)
チンパンジー	395
ゴリラ	490
アウストラロピテクス・アファレンシス	435
アウストラロピテクス・ガルヒ	445
アウストラロピテクス・アフリカヌス	450
パラントロプス・ボイセイ	515
パラントロプス・ロブストス	525
ホモ・ハビリス	600
ホモ・ルドルフェンシス	735
ホモ・エルガステル	850
ジャワ原人	930
北京原人	1029
現代人	1350

出典：https://www.britannica.com/science/human-evolution/Increasing-brain-size

もちろん、シジュウカラが論説や小説を書けるわけではないので、文章とはいってもごくごく簡単なものに限られる。しかし、「単語を組み合わせて、内容を伝える」という意味での文章を用いているのは、人間だけではないといえる。

大きな頭脳

道具を使うのもつくり出すのも、また言葉や文章を利用するのも、人類だけではない。ならば、人類の進化を独特なものにしたのは何だったのだろうか。

人類は進化の過程で、脳容積を3倍以上にしてきた（**図4-3**）。現代人の脳の重量は身体全体の2パーセントほどでしかないが、エネルギー消費量は全体の約20パーセントを占めている。ヒトの進化は、脳のエネルギー消費を支える仕組みを発展させる歴史であったといえる。

そういった面から眺めると、人間による道具や言葉の利用は、その目的が動物たちとは大きく異なる。人類は道具や言葉を利用することによって、脳のエネルギー消費を支えることができるようになった。脳の膨大なエネルギー消費を支えるために、資源取得の効率を上げた。

火の利用

火の利用によって、人類は効率的な栄養摂取を可能にした。火を使って調理すれば、動物の肉や植物由来の食物の消化吸収を助けることができる。

動物の細胞を構成するタンパク質は、隙間なくびっしりと原子が詰まった構造をしている。原子がびっしりと詰まった状態のタンパク質には、消化酵素が働きにくい。しかし、温度を上げるとタンパク質は変性し、その構造が破壊される。

熱によって構造が壊れたタンパク質は、水中だと「糸巻きからほどけた糸」のようになっている。このような構造が崩れたタンパク質は、消化酵素によって消化されやすくなる。

植物細胞に含まれるデンプンにも、熱によって同じような変化が起きる。植物細胞では、エネルギーはデンプンとして蓄えられている。デンプンは結晶化しており、消化酵素が作用しづらい。しかし、加熱することによってデンプンが可溶化し、消化が容易になる。

このように、熱によるタンパク質変性やデンプンの可溶化により、アミノ酸や糖の消化吸収効率を上げることができる。人類は火を用いることで、より多くのエネルギーと資源（アミノ酸や糖、脂質などの栄養素）の入手を可能にした。その結果、人類は非常に高いエネルギー消費を必要とする「大きな頭脳」を維持することを可能にした。

ちなみに、植物の細胞はセルロースからつくられており、ヒトの消化酵素はこれを消化することができない。また、細胞壁を構成するセルロースは結晶化しているので、咀嚼《そしゃく》しても軟らかくなりにくい。このセルロースの結晶も、加熱により構造が変わる。植物は加熱すると細胞壁が軟らかくなり、咀嚼・消化されやすくなる。

食物が軟らかくなれば、顎の筋肉や骨格への物理的な要求も減少する。どういうことかというと、たとえばゴリラは大きな顎をもち、それを動かす強力なほおの筋肉が頭頂部につながっている。その結果、頭蓋骨中の脳を収納するためのスペースが奪われてしまっている。

食べるものが軟らかくなれば、大きな強い顎とそれを動かす筋肉は要らなくなる。その結果、脳を入れる頭蓋骨内のスペースを増やすことができる。また、顎の骨格と筋肉を小型化することで、そこに使用されていた資源をほかに回すことも可能になる。

石器の利用

道具の中でも、とくに石器の利用は狩りの効率を高めた。狩りで弓矢や槍の先が木でできていた場合、大きな獲物であれば硬い皮膚に跳ね返されてしまい、簡単には刺さらない。中型の獲物であっても、弓矢や槍が内臓まで届かなければ致命傷を与えることはできない。木製の矢尻や槍で獲物を捕らえるのは、そう簡単ではない。一方、石でつくられた矢尻や槍の穂先であれば、獲物を捕らえる効率は、木製と比べてはるかに上がったはずだ。

人類は鋭い石器を用いることで、大型の動物を効率よく倒すことができるようになった。こうした狩猟活動の作業効率の上昇は、ある一定量のエネルギー消費に対する生産性を増大させた。効率のよい作業によって、効率よく資源を得られるようになった結果、大きい脳を維持することが可能になった。

情報技術の役割

火や道具の利用に加えて、情報を伝える技術の進歩が人類の特徴といえる。それは言葉の利用にはじまり、現在のＩＴ（情報技術）の発達にまで及んでいる。

火の利用や、道具の利用、道具の製作は、どのようなきっかけではじまり、集団へと伝わっていったのだろうか。動物は本能に基づいて行動する。本能に基づく行動は、その様式が遺伝子に記録されている。

もし火の利用や、道具の使用、道具の製作が本能に基づくものであれば、遺伝子にその変化が記録されなければならない。遺伝子の変化は「完全にでたらめ」に発生するので、生存に有利な変化が起きるためには何万年もの時間が必要である。それに比べて、見よう見まねによる学習は、一度その行動が起こってしまえば、遺伝子の変化とは比べものにならないくらい、はるかに短い期間で集団内に広まっていく。

行動の伝播《でんぱ》に関しては、「幸島《こうじま》のサルのイモ洗い」のエピソードがよく知られている。1953年夏、地元の小学校教師・三戸《みと》サツヱは、1頭のサルがイモを水で洗っている姿を見かけた。餌付けのために与えたイモに土がついており、1歳半のメスがそれを洗って食べていたのである。

この行動は、血縁と遊び仲間という二つの経路で群れの中に広がっていった。まず、このメスザルの母親やきょうだいがイモを洗うようになり、さらにこのメスザルの1歳上や下の子ザルがまねをしはじめた。見よう見まねにより、1世代以下の時間で集団内に行動が伝播したのである。

1世代以下の時間で行動が伝播したのは、これが本能による行動ではないからだ。もし、行動の伝播に言語が関与していれば、その伝播速度がさらに高まったことは想像に難くない。

言葉で複雑な情報伝達が可能になれば、狩りの作業効率も上がったはずだ。集団で狩りを行う場合には、作戦を集団構成員が理解する必要がある。

何人かが獲物を待ち伏せし、何人かで追い込むことができれば、単に獲物を追いかけ回すよりも、はるかに効率のよい狩りを行うことが可能となる。しかし、そのためには作戦を互いに理解・合意しなければならない。

集団内で合意を形成するには、言語が必要である。言語の利用は効率のよい狩りに、大いに役立ったはずだ。

文字の利用

言語は、知識を伝承する手段としても用いられている。アイヌの人々は情報を記憶し、伝承する手段として「口承文芸」を口演（口頭で演じること）してきた。それに対して、和人の口承文芸には、北海道で生まれた独自の昔話はほとんどなく、本州から伝承した昔話も非常に少ない。

移住したときには故郷の昔話をもって来たはずなのに、北海道開拓の明け暮れの中で失われてしまった（北海道公式ウェブサイトより）。この事実は、口承による伝承が不確実であることを示唆している。

口承による言語の伝承は一過性で、その継続は個人の記憶によっている。遺伝子がＤＮＡ分子の配列として記録しているのに比して、口承による伝承は極めて不安定である。

それに対して、ギリシャやローマ、中国の２０００年前の様子は、文字によって現代まで残されている。粘土、岩、木、竹、羊皮紙、パピルスや紙に書かれた文字は、遺伝子情報に匹敵する高い情報保持力をもつ。

遺伝子の場合には、世代交代によって情報が受け継がれる。文字はその媒体が保存されている限り情報を残し、さらに書き写されることで広く伝播していく。文字情報は、人類の情報の伝承に大きな影響を与えた。

電磁気の利用

現在は、情報の伝達も記録も電子的に行われている。電子的情報通信によって、その伝達速度は飛躍的に向上した。

電気を取り扱う情報伝達技術は、電信にはじまる。電信では、電流が流れる時間の長短の組み合わせで情報が伝えられ、その伝達速度は毎秒10ビット程度である。

会話による情報伝達は、どのような言語でも毎秒40ビットほどだが、インターネットでは家庭で使う光通信であっても、毎秒１００メガビット程度の速度で行われる。電磁気を利用することによって、会話と比べて速度が250万倍速くなったことになる。電子技術の発展は、情報伝達速度を画期的に高めた。

ただし、情報の記憶容量に関しては、電子技術以上に高いものが存在する。それはヒトの細胞である。ヒトの1細胞の質量（約2ナノグラム）には、およそ60億ビットの情報が保存されている。1グラム当たりでは、なんと約300京ビットにもなる。

一方、SDカードの記憶容量は、1グラムほどで約1テラバイトだ。1バイトは8ビットなので、1テラバイトのSDカードは8テラビット、つまり1グラム当たりで約8兆ビット。したがって、質量当たりの記憶容量では、ヒトの細胞のほうが大きい。

記憶するだけであれば細胞は必要なく、DNA分子で十分である。1細胞に含まれるDNAの質量は3ピコグラム。

DNA1グラム当たりの記憶容量は約20万京（20垓）ビットと、SDカードの2億倍高密度である。

ただし、記録の書き換え速度を考えると、電子情報は遺伝子とは比較にならないほど高速である。遺伝子が書き換えられるのにかかる世代時間が数十年、変化するのには1万年単位の時間がかかる。それに対して、電子的記憶はSDカードの全記録を書き換えたとしても2〜3時間で事足りる。電子情報は遺伝情報と比して、速度の点で桁違いに高速化していった。

つまり、生物の情報と比べた場合、電子情報は密度の点ではまだ劣るものの、通信速度も情報書き換え速度も桁違いに向上したといえる。しかも、その速度は今もなお加速し続けている。

神経、目、鼻、耳、口の役割

さて、火の利用、道具の使用と製作からはじまり、電子技術の活用にまで至る人類の進化を可能にした要素とは、いったい何だったのか。脳あるいは知能が必要なことは説明不要と思う。それにたどり着くための進化では、どのような点が重要だったのだろうか。

先述したように、動物の祖先は襟鞭毛虫という単細胞原生生物が多細胞化して生まれた。多細胞生物誕生時の化石はほとんど残されていないので、この時期の進化は発生学と分子進化学のデータによって推定されている。それらのデータによれば、襟鞭毛虫につながる原生生物が多細胞化して、海綿やサンゴ、イソギンチャク、クラゲの仲間の祖先が生まれた。

サンゴ、イソギンチャク、クラゲの仲間は、腔腸動物あるいは刺胞動物と呼ばれる生物のグループに分類される。腔腸動物は腸管をもたず、口から食べた餌は腔腸で消化され、不要なものを再び口から排出する。腔腸動物は触手で餌を捕らえるが、すでに神経系を備えており、触手の動きを制御している。こうした事実から、神経系は捕食という行動とともに誕生したということがわかる。

神経はやがて、多数の神経細胞の塊である脳をつくり出す。タコは8本の足を制御するため、八つの脳と、それらを統合するもう一つの脳（合計9個）をもつことが知られている。ただし、この場合でも全体を制御しているのは、頭に位置する脳である。

タコに限らず多くの生物の脳は、頭の位置にある。頭には脳のほかに眼や聴覚器、臭覚器と味覚器が集約しており、頭にある口は捕捉した獲物を消化管に送る入り口の役割を果たしている。

こうした器官が集まる頭は、「捕食のための装置」と言うことができそうだ。捕食するために生まれた神経は塊となって、視覚や聴覚、臭覚、味覚を統合し、身体の動きを制御する脳となった。

その後の人類へとつながる進化過程においては、脳のほかに2本の「腕」と「指」の存在が重要であった。道具の利用と製作、さらに文字の記録、電子機器の製作と利用には、これらの細かい作業を行うための「指」と、「指」の土台となって道具や電子機器を動かすための「腕」が必要である。

先述したニューカレドニアのカレドニアガラスは、すべての作業を行えないまでも、脚とくちばしが2本の「腕」の役目をしている。このとき、くちばしは細かい作業を行う「指」の役目も担う。

道具を使うわけではないが、猛禽類は脚で獲物を押さえながら、くちばしで餌をちぎり取る。トリの脚は哺乳類の後ろ脚に相当し、猛禽類のくちばしと後ろ脚は２本の「腕」の役割を果たしている。動物がものを取り扱う場合、２本の「腕」と「指」に相当する器官が必要となるのだろう。

情報を伝達する手段としては、光を受容する眼、音波を発する発音器官、音波を受容する聴覚器が必要である。これらの器官は捕食活動のため、あるいは外敵の検出とそこからの逃避行動にとって重要であり、多くの多細胞動物が有している。

脳と腕と指、音波の発生器官と検出器官、さらに光の検出器官。こうした要素が、人類にとって重要だったのだろう。これらの器官があって初めて、火を利用し、道具を使い、音波や電磁気を活用することができ、それらが人類を進化させたからである。

生物はなぜ進化する

ここまで生命の進化について記してきた。では、なぜ生命は進化するのだろうか。そして、生命はどのように進化するのだろうか。ダーウィンは『種の起源』で「生命がなぜ、どのように進化したのか」という疑問を検討している。

『種の起源』初版のページ数は、英語で本文４９０ページほどである。『種の起源』でダーウィンは、生物進化に関する様々なことを検討した。同書のエッセンスは、序章の中で10行にまとめられている。それを訳すと次のようになる。

生存可能な数よりも多くの子孫がそれぞれの種から生まれる。そのため、生存のための競争が頻繁に繰り返される。その結果、複雑な時々変化する生存条件の中で、もしほんの少しでも何らかの点で有利であるような個体があると、その個体にはより大きな生存の機会が生じ、その結果、その個体は自然によって選択されることになる。強力な遺伝の仕組みにより、選択された個体のもつ変化した新しい性質は広がっていくことになる。(On the origin of species, 1st ed., p. 5 C. Darwin (1859) 訳文は山岸明彦著『アストロバイオロジー』丸善出版/2016年/149ページ、傍点部は原文では斜体)

進化とは、生物の個体が集まった集団内で起こる現象である。生物は多数の子孫を生むが、多数の子孫は互いに異なった性質をもつ。それらの中で、複雑に変化する環境に対して、いくらかでも有利な個体が存在すると、その個体がより高い確率で生き残るというわけである。それをダーウィンは「その個体は自然によって選択される」と表現した。これが、今日「自然選択説」といわれる進化の仕組みである。

進化の仕組み

ダーウィンが『種の起源』を書いた当時は、まだDNAや遺伝の仕組みがわかっていなかった。ダーウィンが生きた時代は、遺伝学の基礎を築いたグレゴール・ヨハン・メンデルの生きた時代とほぼ同時期であった。しかし、当時メンデルの遺伝学は注目されておらず、ダーウィンはメンデルの考えを知らなかった可能性が高い。

ダーウィンが研究を行っていた時点での生物学の知識は、かなり限られたものであった。しかし、ダーウィンが唱えた生命進化の仕組みは、その後の多くの生物学研究によって確かめられている。

1953年、ジェームズ・ワトソンとフランシス・クリックの二人が、DNAの二重らせん構造を発見した。その後、この分野は分子遺伝学へと発展していく。この分子遺伝学により、遺伝子の変化の仕組みが極めて詳細に明らかになったことで、「生命進化が、どのように起きるのか」という進化の分子的仕組みも解明されつつある。

すべての生物は、核酸に遺伝情報を記録している。念のため確認すると、核酸とはリボ核酸（RNA）とデオキシリボ核酸（DNA）を総称したものである。

遺伝情報をRNAに記録している一部のウイルスを除き、すべての生物はDNAに遺伝情報を記録している。そして遺伝情報は遺伝の仕組みにより、タンパク質の機能として発現する。

ごく一部はRNAのまま（転移RNAとリボソームRNA）、あるいはリボザイムとして機能を発現する。ただし、その場合でもRNAは塩基配列の情報に従って構造をとり、機能を発揮している。つまり、その場合でも遺伝子の情報が機能を記録しているという点では、タンパク質と同じである。

さらに遺伝子は、しばしば突然変異を起こす。DNA複製という細胞の基本的活動中にも、1億回の複製に対して1回程度、遺伝子は突然変異を起こす。この現象は、自然突然変異と呼ばれている。

また、紫外線や放射線によってDNAが損傷すると細胞は修復を行うが、その際に修復間違いを起こす。それが突然変異である。

しかし、これらの突然変異が「何か特別の機能を目指して起きる」ということは決してない。突然変異は完全にでたらめに起きる。

ダーウィンが『種の起源』に記した自然選択の前提となる個々の個体がもつ多くの変異は、完全にでたらめに起きる。そのとき生物は考えない。様々な変異をもつ多種多様な生物個体の中で、いくらかでもその環境での生存に有利な個体があると、その個体の生存の可能性が高くなる。このようにして自然選択は生じる。このダーウィンの考えた自然選択の理論は、現在の分子生物学的な知見によって裏打ちされている。*8

＊8　エピジェネティックと呼ばれる遺伝現象が知られている。これはDNAやそれに結合するタンパク質（ヒストン）が化学修飾されることで、DNAの配列とは別に情報が子孫に対して伝えられる仕組みである。この遺伝現象では遺伝形質がメンデル遺伝しないことが特徴だが、この仕組みに関わるタンパク質はDNAに記録されているので、その機能は自然選択される。したがって、メンデル遺伝しないからエピジェネティックな仕組みがダーウィン進化から外れるという一部の主張は、ダーウィン進化に対する勘違いと思われる。

人類は身近な元素を用いている

生物が主に有機化合物と水からできていることは、すでに説明した。有機化合物を構成する元素は炭素を骨格として、水素、酸素、窒素が分子の性質を変えて様々な機能を発現している。たとえば、水素が結合することでその部分は疎水性となり、酸素や窒素が結合することで親水性となる。脂質分子がもつ疎水性と親水性の性質によって、膜がつくられる。疎水性のアミノ酸と親水性のアミノ酸によって、タンパク質の構造がつくられる。それぞれのタンパク質ごとに決まった構造となったタンパク質は、筋肉の動きや神経の働き、細胞の中で反応を触媒するような機能をもつ。

また先に述べたように、アルカリ金属イオン（ナトリウムイオン、カリウムイオンなど）やアルカリ土類金属イオンであるカルシウムイオンは、情報伝達に利用されている。イオンの細胞内外の濃度差を利用し、シグナル伝達に使用している。

さらに極微量ではあるが、生物は様々な金属元素を酵素反応に利用している。生物種によっては、骨格や殻にカルシウムやケイ素を使う。人類以前の生物は、これらの身近にある元素を使っていた。

人類の身体の構造は数億年の歴史の中で形づくられてきたので、その基本原理がそう簡単に変わることはない。人類の身体の変化が短期間で起こることはない。人類が身体の中で用いる元素も、進化の過程でまったく変わっていない。一方、人類は様々な元素を、道具として利用してきた。そのとき人類は、身近にある使いやすいものを使っている。ここでは、その例を紹介していく。

ケイ素・カルシウムの発見

人類は陸地や川で手に入る岩石を、石器として利用しはじめた。石器の材料である岩石には、ケイ素（Si）が大量に含まれている。

岩石の主な成分は、二酸化ケイ素（ケイ酸）およびケイ酸塩である。二酸化ケイ素およびケイ酸塩からなる鉱物は、硬くてもろい。そうした石器の材料となる岩石は、山脈として隆起し、水や植物の浸食作用によって土砂となり、陸地や川を経て海に流れ込んでいく。

人類はまず、身近にある岩石を利用した。やがて剝がれやすく、剝離面が鋭利な形状になる岩石、黒曜石やチャート（石英）を交易によって入手し、利用するようになっていく。

ケイ素と同じく道具をつくるために使われた元素としては、カルシウム（Ca）が挙げられる。カルシウムは捕獲した動物の骨などの成分である。

一方、同じケイ素化合物でも、ケイ酸からなる岩石が水と反応してできたものが粘土である。粘土は岩石と水とが反応することによって形成される。粘土を高温で焼くと、硬い構造をもつようになる。人類は山火事やたき火によって偶然、粘土が硬くなる現象に遭遇したのだろう。それにより土器の製造を覚えたのかもしれない。粘土（ケイ素化合物）も容易に入手可能な材料であり、土器として広く利用された。

青銅の発見

銅（Cu）は、金属の中でも比較的入手しやすい。多くの金属元素は天然では他の元素と結合し、鉱石として存在しているが、銅は天然に自然銅として少量発見される。初期人類は少量発見された金属銅を、道具として利用した。紀元前6000年頃には、メソポタミア地域のシュメール人とカルディア人が金属銅を使用していた形跡が残っている。孔雀石$Cu_2CO_3(OH)_2$（マラカイト・炭酸水酸化銅）を窯炉（焼窯）で還元し、少量の金属銅がつくられていた。孔雀石は高温で容易に還元される。

ただし、銅は軟らかすぎるので、そのままでは道具として利用することができない。少量のスズと混合することで、強度が高く加工しやすい青銅となるが、自然界の多くの銅鉱石はもともとスズを含んでいるので、天然に青銅が得られたと思われる。

こうした金属の利用は、鉱石から金属を精錬する技術の獲得に依存していた。鉱石は世界各地で産出されるが、局所的に見ればその地域は限られている。人類は産出地でつくられた青銅器を交易によって入手し、利用するようになった。

鉄の発見

地球に含まれる元素で最も多いのは鉄（Fe）である（**図4-4**）。鉄は、隕石の一種として地球にもたらされた。宇宙から降り注ぐ隕石は多種多様で、大部分はかんらん岩、輝石などからなる石質隕石であった。ただし、炭素を含む炭素質隕石や、鉄とニッケルを主成分とする鉄隕石も宇宙から地球に降り注いでいる。鉄隕石を使った道具は、青銅器時代以前から使用されていたが、その量はごくわずかでしかなく、限定的な利用にとどまっていた。

図4-4　地球に含まれる元素の比率

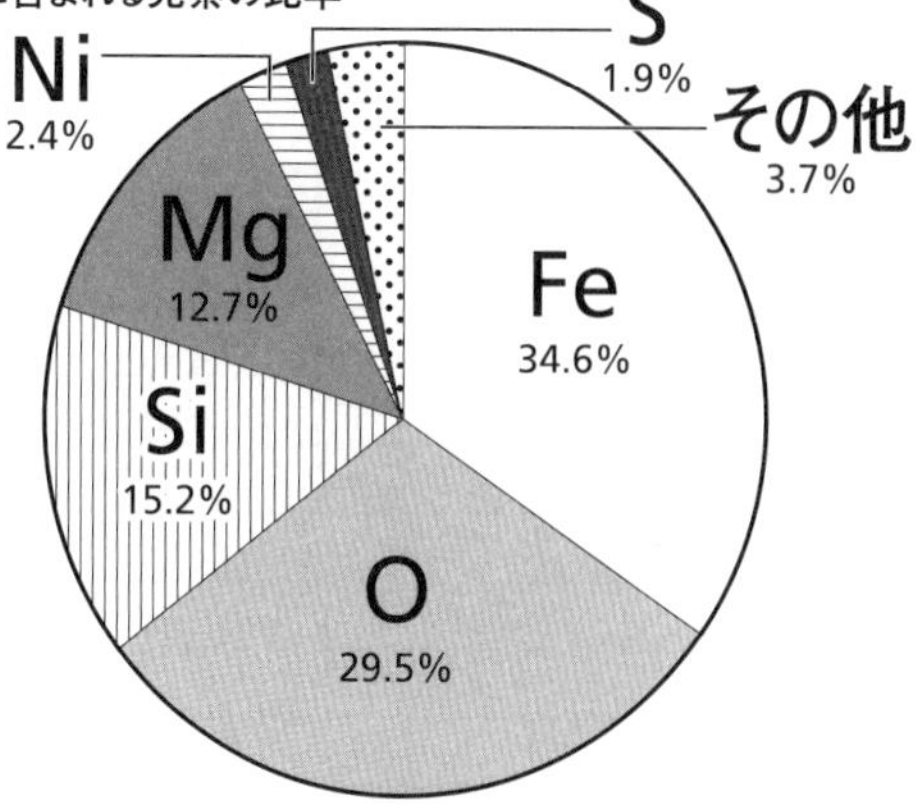

出典：Mason, B.（1966）Principles of Geochemistry. 3rd Edition, Wiley, New York, London, p.329.

鉄鉱石の精錬は、銅と比べてかなり難しい。精錬のためには鉄鉱石を木炭と混ぜて、大量の空気を送り込む必要がある。

初期の鉄の精錬は、天然の風が吹き込む環境ではじまったが、その後ふいごを用いた人力による精錬が行われるようになった。砂鉄を木炭で還元する日本のたたら製鉄も、鉄の精錬方法の一つである。

地表から16キロメートルの範囲の地殻中の元素含有量を調べると、最も多いのは酸素である（図4-5）。次に量が多いのはケイ素、アルミニウムの順で、鉄は4番目である。酸素は地殻中でケイ素やアルミニウム、鉄と結合して存在している。二酸化ケイ素や酸化アルミニウムを還元することと比べて、酸化鉄の還元は、はるかに容易であることから、青銅器時代のあとには鉄器時代が到来した。

電子機器の時代

電子機器の時代に入ると、銅（Cu）は再び重要な金属となった。青銅器として用いる銅の純度は低くてもよいが、電子機器開発のためには純度を高めた銅が必須となる。純度の高い銅は電気伝導度が高いので、電流を流した際の発熱を低く抑えることができるからである。

純度の高い銅は、電線やモーター、電磁石などの電気機器で利用される。純度の高い銅の生産には、高度な技術と多くのエネルギーを必要とするが、工業の発展によってそれが可能となった。

逆に熱を利用する際には、電気をあまり通しやすくない元素が用いられる。電気を通しにくい金属は、電気を流すと発熱する。高温になると多く

図4-5　地球における地表から16kmの範囲の地殻中の元素含有量

	元素名	含有量（重量%）
1	酸素	46.6
2	ケイ素	27.7
3	アルミニウム	8.1
4	鉄	5.0
5	カルシウム	3.6
6	ナトリウム	2.8
7	カリウム	2.6
8	マグネシウム	2.1
9	チタン	0.4
10	水素	0.1

出典：『鉄の歴史と化学』田口勇、裳華房（1988）

の金属は溶融、あるいは酸化してしまう。高温になっても溶けず、酸化もしない金属として、タングステン（W）が白熱電球のフィラメントに用いられた。

やがて、半導体の時代が到来した。半導体というのは、電子を通す状態である「導体」と、通さない状態である「不導体」の二つの状態を取り得る物質のことである。

半導体は、こうした二つの性質を利用することで、電気の流れを制御している。この半導体として最初に使われた元素は、ゲルマニウム（Ge）であった。初期のトランジスタラジオは、ゲルマニウムを使ったトランジスタを用いてつくられた。トランジスタとは、電子回路中でオン・オフを担う素子のことである。

シリコン（ケイ素）の利用

いくつかのトランジスタを組み合わせると増幅回路ができ、その増幅回路を組み合わせることで、論理演算回路や記憶回路を作製することも可能となる。初期の増幅回路は、複数のトランジスタを組み合わせることで構成されていた。

やがて、一つの結晶の上に複数のトランジスタや様々な素子からなる回路を、写真技術を用いて焼き付けるようになった。多数の増幅回路を一つの半導体結晶上に焼き付けたものを、集積回路という。

集積回路の作製はゲルマニウムでも可能であるが、ゲルマニウムには高温で不安定になるという欠点がある。金属シリコン（純粋なケイ素）を用いたほうが、より安定的なので、集積回路は金属シリコンでつくられるようになった。現在、数万個、数億個の素子から形成された集積回路が金属シリコンを用いて製造され、コンピューターや携帯電話はもちろん、車や家電製品の制御に利用されている。

ケイ素は先史時代より、石器や土器として使われてきたが、これらはケイ酸を主成分とする利用であった。集積回路として利用されるのは、精錬された純粋なケイ素である。純粋なケイ素を、金属シリコンと呼ぶ。また本書で単にシリコンという場合には、金属シリコンを指すことにする。

金属シリコンの主要原料となる二酸化ケイ素（ケイ酸）は、地殻に最も多く存在する成分である。しかし、ケイ酸から酸素を取り除いて金属シリコンを得るには、大きなエネルギーが必要となる。ケイ酸中のケイ素と酸素の結合が、非常に安定しているからで、そのため金属シリコンの利用は工業生産技術の発展で初めて可能となった。

金の魅力

金（Au）は、天然に金属の状態で発見されるので、紀元前の時代から利用されてきた。金は錆びず、いつまでも輝きが失われない。そのため、権威を象徴する貴金属として、古くから社会の支配層のあいだで重用されてきた。

時代が経過し、現在では情報機器の部品として、金は不可欠な元素となっている。社会の情報化が進み、コンピューターやインターネット、携帯電話が発達したことによって、現代では集積回路が大量に使用されるようになった。高度な集積回路では温度の上昇をどう防ぐかが課題となるが、そこには元素の電気抵抗率が関係してくる。

銅の電気抵抗率は低いが、金はそれよりもさらに低い。そうした理由もあり、現代の電子機器では、発熱を抑えるための導線の素材として金が利用されている。

元素を利用した人類史

アルミニウム（Al）は、ケイ素に次いで地殻中に多く含まれる元素である（8・1%）。しかし、ケイ素と同様に酸素との結合が非常に強く、アルミウムの単体、金属アルミウムを得るためには多くのエネルギーが必要である。現在、金属アルミニウムを得るため、多大な電力が消費されている。

このように、人類は身近な元素を道具として利用してきた。ただし、身近という意味は、時代によって大きく異なる。先史時代の初期には、住居のそばにあった、まさに手近な石と骨の利用からはじまった。しかし、ほどなくよい石、よい金属を遠方から手に入れるようになった。また粘土を成形後、焼いて利用することもできるようになった。

次の段階での金属利用は、技術と工業の発展に依存していた。金属の利用は自然界から手に入る純金や純銀、金属銅、鉄隕石の使用からはじまった。やがて青銅をつくり、さらに鉄の精錬へと技術が進歩していった。

その後、電気や電子の利用は、金属の利用形態を大きく変えた。現在では、純度の高い銅を用いた電線から、精製の困難なタングステン、ゲルマニウム、精錬に大量のエネルギーが必要な金属シリコンやアルミニウムが利用されるまでに至っている。電気関連技術の発展によって初めて、多量の金属シリコンやアルミニウムが利用可能となった。

人類以前の生物は、自分自身が使う元素を身近で選び、それを自身の身体の材料として利用してきた。人類は、自分の身体自体は変えていない。元素を身体の外で利用してきただけである。

人類による元素の利用は、単に近くで手に入るということからはじまったが、やがて技術的・エネルギー的に入手可能なものを使うように発展した。ただし、人類はこうした利用方法の発展過程を、最初から考えていたわけではない。そのとき手に入る元素を、そのとき利用可能な技術で、より有利になるよう利用してきただけである。

新しい元素の利用はまた、新しい産業の発展を促し、新しい元素の利用をさらに促進していった。

第5章　元素が人類を進化させる

図5-1　世界人口の推移

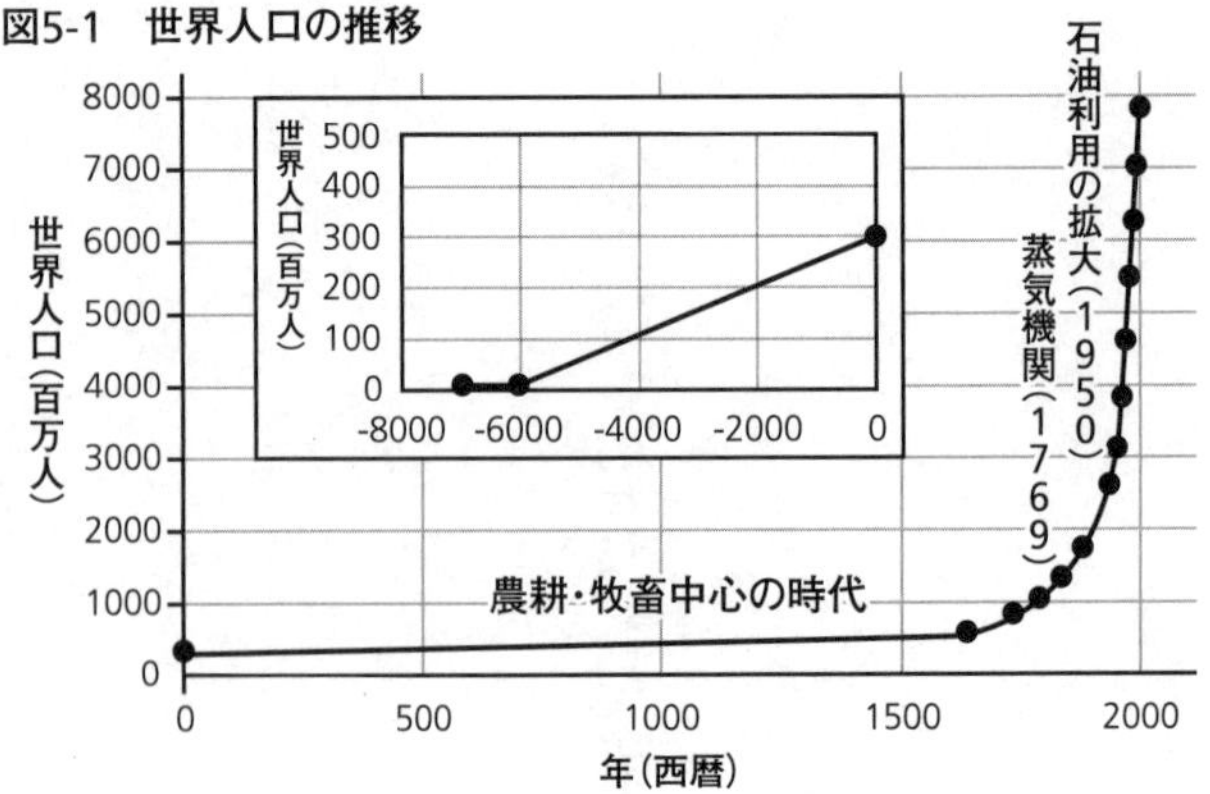

出典：UN. The Determinants and Consequences of Population Trends. VolR. 1（1973）, UN. World Population Prospects: The 2004 Revision.

人類の進歩はなぜ速い

とくに歴史を振り返らなくても明らかだが、我々の暮らしは年々大きく変わり続けている。この急速な変化は、何によってもたらされているのだろうか。また急速に変化する人類の生活はどこへ向かっていくのだろうか。

最終章となる第５章では、加速度的な人類生活の発展の理由を明らかにし、さらに今後人類が進む方向を探っていく。

図５－１は世界人口の変遷である。今から９０００年前の世界人口は、およそ８００万人であった。今から２０００年前には世界人口は約３億人、４００年前には約５億人、２０２２年には約80億人にまで拡大した。世界の人口は加速度的に増加している。

産業革命以前の世界人口の推移は、農耕と牧畜の発展、産業革命以後は工業の発展と関連している。一方、ホモ・サピエンスは約20万年前から、生物学的には何も変わっていない。人類の脳の体積も、およそ20万年前から変わっていない。つまり、人類は生物的進化ではなく、農耕と牧畜、工業の発展によって人口を増やしてきた。

前章では、利用可能な元素との関連で道具の進歩を説明した。利用可能な元素は、その時代の技術力によって変化している。

最初は自然界で手に入る元素をそのまま使い、やがて精錬した元素を利用してきた。本章では別の視点から、元素と道具の関係を再確認する。

動物が身体を進化させてきたのに対して、人間は道具を進歩させてきた。人間は、そのとき利用可能なものがあれば、それを利用する。そのとき人間は考えない。

動物の爪や牙に代わるもの

肉食動物が獲物を襲う場合、血管や肉を引き裂くため、鋭い爪と牙を使う。一方、人間は鋭い爪や牙をもたない。サルの仲間は牙をもっているのに、ホモ・サピエンスはむしろ牙を退化させてきた。

獲物を倒すために、人間は槍の穂先や弓矢の矢尻を使う。動物が自らの身体で行ってきたことを、人間は自分の身体を進化させるのではなく、道具を利用することで実現してきた。

ビーバーは木の幹を歯でかじって倒し、川の中に巣をつくる。人間は斧を用いて木を倒し、木の幹を組み合わせて住居をつくった。動物は厚い皮と長い毛をもって、捕食者の牙と寒さから身を護った。一方、人間は身体に生えた毛をむしろ退化させ、他の動物から手に入れた厚い毛皮を利用することで、捕食者の牙と寒さから身を護ってきた。

人間が自身の身体を進化させることはなかった。身体の進化よりも速く、あるいは身体を退化させながら、道具や衣服によって環境に適応してきた。

補助具の進歩

高齢になった人間が、自身の身体の衰えを補うための道具は古くから使われていた。足腰が弱くなったときの杖は、おそらく有史以前から使用されていたし、王様であれば数千年以上も前から、配下の者たちによって椅子に座ったまま運んでもらっていた。

中国では西暦525年頃から車椅子が使用されていたことが、車輪の着いた椅子の絵として石版に残されている。近年では、動力で動く車椅子も使われるようになった。このように人類は足の衰えを補う様々な道具を、古代から現在に至るまで利用してきた。

視力の衰えを補うための眼鏡は数百年ほど前から使われはじめ、現在ではコンタクトレンズも用いられるようになった。初期のコンタクトレンズはガラス製であったが、今はプラスチックのものが主に使用されている。

また、火の利用によって人類の食事は、繊維質の硬いものから軟らかいものへと変化した。しかし、それは虫歯の発生を誘発し、紀元前３０００~２０００年頃のエジプトのミイラの歯には「金」が詰められている。

戦後の砂糖消費量の増加も、虫歯の発生を加速させた。歯の治療には様々な素材が使われているが、日本では昭和期までは水銀合金（アマルガム）が主流であった。現在は様々な金属合金、セラミック、プラスチックが利用されている。

動物は身体の衰えに対しては無力であるが、ヒトは身体の衰えを道具で補えるようになった。加齢による身体への負担を減らすよう、道具が進歩したといえる。

組織や臓器の補助と人工知能

現在、関節の老化に対応する人工関節や、老化した血管を人工血管に置き換える手術は、通常の医療行為として実施されている。腎臓機能の衰えた患者は、腎臓機能の代替として人工透析を行う。人工透析を行っている患者数は、２０２１年末で35万人にのぼる。

人工心臓への部分的な置き換えや、心臓すべての機能の置き換え手術も、すでに実施されている。新しいタイプの人工心臓の開発も進んでおり、こうした面から見てもヒトは身体の衰えや疾患を道具で補うようになったといえる。

一方で「頭脳の置き換え」に関しては、現在のところまだ行われていない。そう、その通りなのだが、今あなたは時々スマホを見ていないだろうか。あるいは、仕事中であればコンピューター画面を見ていないだろうか。あなたの頭脳が直接つながっているわけではないが、あなたの思考はスマホやコンピューターを通じてインターネットと接続されている。

インターネットは、相互に接続した巨大な思考システムである。我々の思考はインターネットを通じて記憶装置、演算装置、および他人のディスプレイとつながっている。知らないことがあるときは「Ｇｏｏｇｌｅ《グーグル》先生」に質問すれば、即座に答えを教えてくれる。わざわざ記憶する必要などない。

コンピューターで実施する作業にはＡＩ、人工知能が使われはじめている。これまでは、計算を行うプログラムをプログラマーが記述し、そのプログラムを実行していた。

ＡＩも「プログラマーが書いたプログラムを実行する」という点では同じであるが、どのように計算をするかということは、あらかじめ決められていない。多くのデータを読み込み、その傾向を抽出するようプログラムされているのである。そこで学習した傾向から新しいデータが得られたとき、そのデータに基づいて判断するのがＡＩである。

現在ではすでに、症状から病気の可能性を診断する民間のＡＩサイトがある。自身の症状をＡＩ診断サイトで答えていくと、そこから予想される病気の可能性を診断してくれる。医者がこれまでに行っていた診断を参考にして、様々なデータに基づいて病気の可能性を発見するという行為は、ＡＩの得意分野である。おそらく今後は様々な病気の診断が、ＡＩで可能になってくるだろう。

補助的にではあるが、企業や組織会計の書類審査でも、ＡＩの利用がはじまっている。やがては裁判の初期審査にも、ＡＩが使われることが予想される。

過去の文書データと判定結果を多数読み込むことで、そのパターンを把握し適用するという作業もまた、ＡＩの得意分野である。文字あるいは画像化されるデータに基づく判定は、次々とＡＩに置き換えられていくだろう。

電車の自動運転はすでにはじまっており、日本だと「ゆりかもめ」などの新交通システムは、自動運転が中心となっている。自動車の自動運転も、国によっては、すでに行われている。こうした仕事は、これまで人間の知的活動とされていたが、今後は次々とＡＩに置き換えが進んでいくことは間違いない。

産業革命

こうした社会の発展のうち、最近の急速な技術の進歩は産業革命と呼ばれている。産業革命は18世紀後半のイギリスではじまり、19世紀になって他の国にも波及していった。蒸気機関の発明などにより、生産技術が飛躍的に向上したのである。これは第一次産業革命と呼ばれている。

19世紀後半になると、第一次産業革命は電力を用いて大量生産を行う第二次産業革命へと引き継がれた。１９７０年代初頭からの電子工学や情報技術を用いた一層のオートメーション化は、第三次産業革命とも呼ばれる。

これらの産業革命は、いくつかの側面から語られる。まずはエネルギー源の変化である。第一次産業革命では石炭が、第二次産業革命では石油が使われるようになった。**図5-2**を見るならば、19世紀にはじまった石炭の使用は減ることがなく、消費は年々増加している。石炭は火力発電や製鉄に利用されてきた。

石炭に加え、１９２０年頃からは石油の消費量が増加しはじめた。グラフからは、１９７０年頃からの石油消費の倍増と、ガス消費の増加を読み取ることができる。

産業革命は、動力機関の変遷とも結びついている。第一次産業革命では石炭を用いた蒸気機関が発展したが、第二次産業革命では石油内燃機関と電動機関へと変化していった。１９７０

図5-2　世界のエネルギー消費量と人口の推移

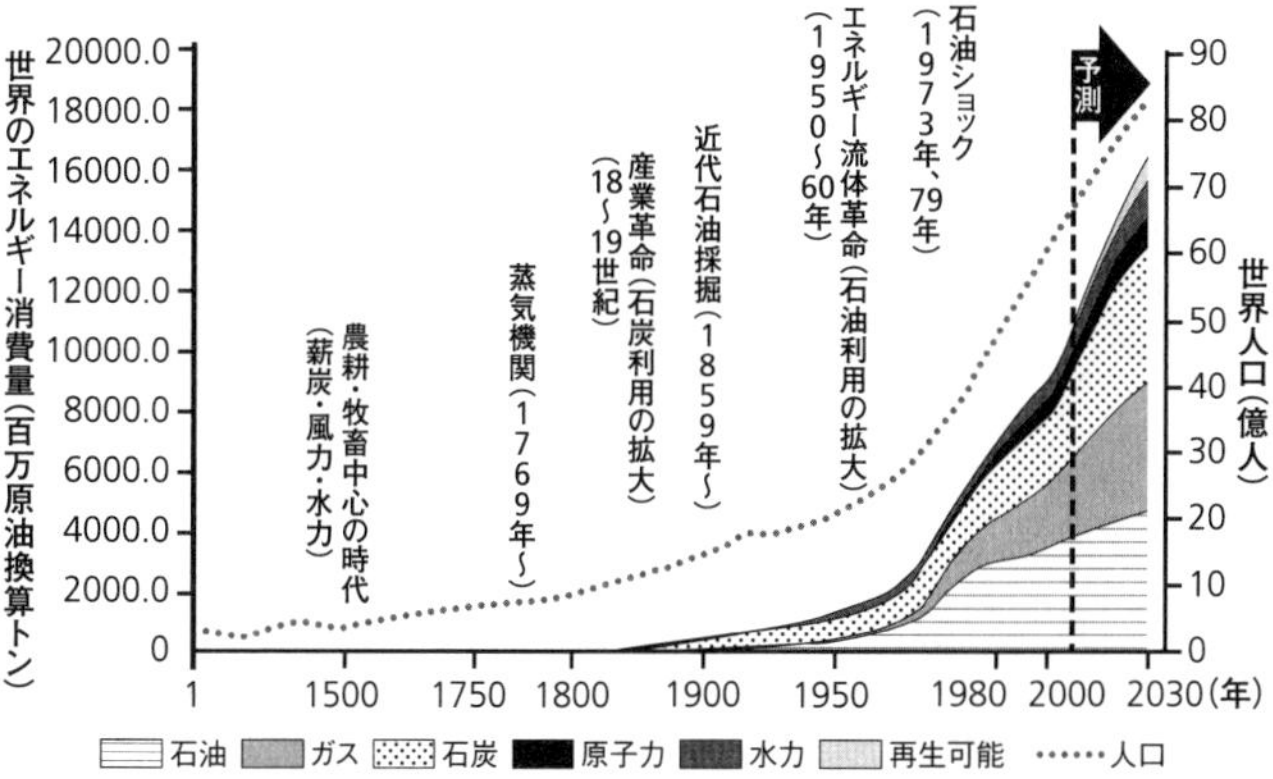

出典：経済産業省資源エネルギー庁

年代初頭からの第三次産業革命では、電子工学や情報技術を用いたオートメーション化が進んでいる。

さて、近年の計算機の進歩と、それに伴う情報産業の発展は第四次産業革命と呼ばれることもある。これは元素から見て、「鉄の時代からシリコン（ケイ素）の時代へ」の変化といわれる。

図5-3を見るならば、1940年以降の世界人口の増加は、概ねエネルギーや鉄、アルミニウム生産量の増大と相関している。鉄やアルミニウムの生産量の増加は、2000年頃から加速し出した。この頃から、金属シリコンの生産量も上がっている。しかし、その増加速度は、我々のもつ情報社会の進歩速度と一致していない。

我々の実感する情報社会の進歩速度は、概して対数的である。なお、シリコン（ケイ素）は様々

図5-3　世界の人口、鉄、アルミ、金属シリコン、エネルギー生産量とICチップ当たりのトランジスタ数

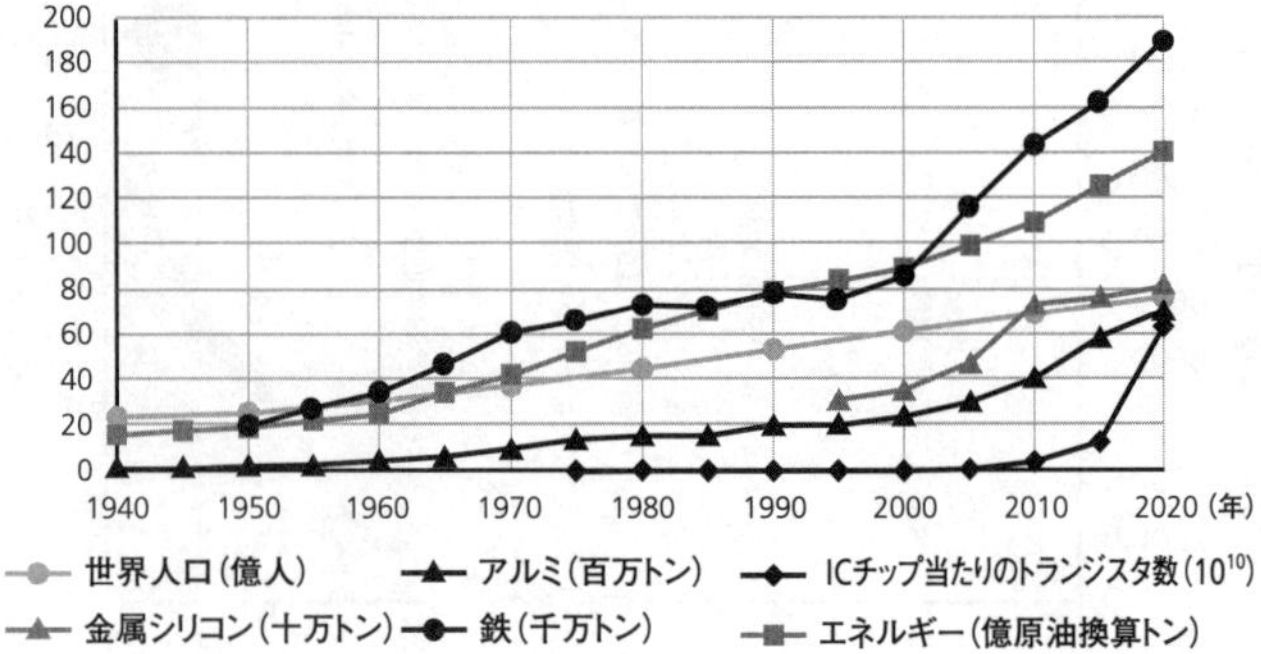

出典：National Minerals Information Center, Commodity Statistics and Information

な用途で用いられているが、計算機のＩＣチップ（集積回路）で使われるシリコンは純粋な金属シリコンである。**図５－３**には金属シリコンの生産量ならびに、一つのＩＣチップの中にどれだけのトランジスタが入っているかも示してある。

このグラフからは、一つのＩＣチップに入ったトランジスタの数が指数関数的に増加していることを読み取ることができる。「チップ当たりのトランジスタ数が、２年で２倍に増加する」という経験則は「ムーアの法則（Moore's Law）」として知られている（**図５－４**）。

ここ20年ほどの情報社会の進歩速度には、すさまじいものがある。こうした現象は、物質生産をはるかに上回る指数関数的な速度で進む、シリコンチップの高密度化によってもたらされている。

図5-4　半導体デバイスのカテゴリーごとのICチップ当たりのトランジスタ搭載数の変遷

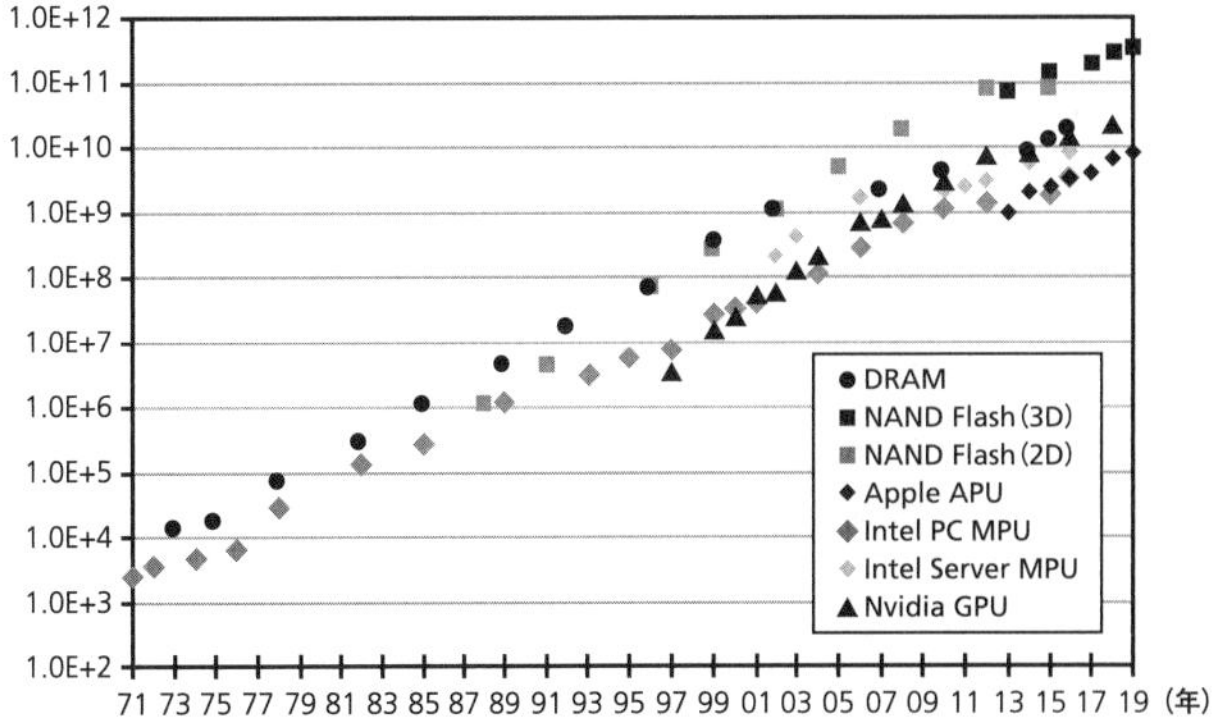

縦軸の表示は10の乗数倍を表す。たとえば1.0E+2は1.0 x 10^2のこと

出典：Intel, SIA, Wikichips, IC Insights.

人類の進歩を加速させたレアメタル

先述したように、人類は身体を構成する元素に加えて、身近で利用可能な元素を使用してきた。元素を用いて道具をつくってきたわけだが、主要なものとしてはカルシウム、ケイ素、銅、鉄、シリコン、アルミニウムなどが挙げられる。

それ以外にも、人類は特殊な用途で、様々な元素を利用してきた。たとえば様々な金属（鉛、亜鉛、リチウム、コバルト、ニッケル、カドミウム、マンガン、チタンなど）が、電池として歴史的に利用されている。

さらに人類は、多様な金属を触媒としても使用してきた。触媒として利用される金属には、パラジウム、ジルコニウム、ルテニウム、ロジウム、イリジウム、オスミウム、銀、白金、銅、鉄、チタンなどがある。これらの金属は地殻中での含有量が低いものが多いことから「レアメタル」と呼ばれる。

鉱石中の含有量が少ないレアメタルは産出量も少ないので、希少な金属である。人類は、高い費用をかけて、レアメタルを手に入れてきた。

レアアースとは何か

さらに、人類は産業の高度な発展にともない、レアアース（希土類）と呼ばれる特殊な元素を特殊な目的のために利用するようになった。レアアースにはスカンジウム（Sc、原子番号21）、イットリウム（Y、原子番号39）とランタノイド元素（第3族）が含まれる。ランタノイドというのは、原子番号57から71までの15元素である。ランタノイド元素は、性質が似ており同じ鉱物中に存在するが、分離が難しいこともあり、近年まであまり利用されてこなかった。[*9]
ランタノイド元素は、磁石の性質である磁性をもつ。鉄やコバルトなどの遷移金属元素は、磁性（厳密には常磁性と呼ぶ）をもっている。元素によって磁性をもったり、もたなかったりするのは、不対電子[*10]が関係している。

＊9　元素周期表の第3族から第12族のあいだの元素で、金属の性質をもっている。
＊10　不対電子とは、原子あるいは分子がもつ電子軌道中に、電子が1個だけ入っているものを指す。原

子あるいは分子は、軌道に電子が2個入ることで安定する。軌道に電子が1個だけ入った場合に不対電子という。

鉄やコバルトなどの遷移金属元素は不対電子をもっていて、常磁性を示す。レアアースもまた、不対電子があるので常磁性を示す。

こうしたレアアースは、強力な永久磁石・モーター（電気自動車、自動車、ロボット）のほか、ニッケル水素二次電池、コンデンサー、フィルター、センサーなどの電子・電気製品、触媒（石油精製・自動車排ガス処理用）などに幅広く使用されている。

さらにレアアースは、波長範囲の狭い鋭い光を発することから、各種発光体、強力なレーザー光を発する光源としても用いられている．テレビ受像機のブラウン管に塗布する蛍光体には、レアアースを含むものが多い。

レアアースは高度な特殊技術で利用される元素であるがゆえ、近年、その必要性が高くなった。今では、技術の高度な発展を支えるのに欠かせない元素になっている。

言語と文字

さて、本章ではここまで石器などの道具からＡＩまで、道具と技術の進歩を簡単に眺めてきた。また、技術の発展にともなう元素利用の拡大も見てきたが、最も重要なのは、こうした道具と技術の発展や元素利用の拡大が、たかだか数万年で起きたという事実である。これは動物が進化する数十万年、数百万年という時間と比べてはるかに速い。

見方を逆にして、なぜ動物の進化は遅いのか。それは「動物の進化は、自然選択によって起きるから」ということができる。すなわち、動物の進化とは、遺伝子の変化が完全にでたらめに起こり、その中で環境に適した個体が自然選択された結果である。1世代では、ほんの少しの身体の変化しか起きず、その蓄積のためには何世代もの時間を必要とする。

それに対して、本章で見た道具と技術の進歩には、ヒトの動物としての変化は関わっていない。それでは道具と技術の進歩がなぜ速いかといえば、まずは「高度な言語と文字の使用」が寄与した。

言葉自体は動物の中でも、クジラやイルカ、霊長類、トリの仲間によって広く使われている。文章も同様に、トリの仲間のシジュウカラやジュウシマツは、鳴き声の組み合わせによって、より複雑な意味を表していることがわかってきた。ただし、それらをたとえば狩りの打ち合わせや石器のつくり方、鉄の精錬方法を伝えられるまでの複雑な言語に発展させることができたのは人類だけだ。

言語は「情報の伝達」という意味ではこれまでにない方法であるが、「情報の記録」という点では、遺伝子のほうが長期保存可能である。しかし、メソポタミアの楔形《くさびがた》文字、エジプトの象形文字、古代中国の甲骨文字にはじまる「文字の発明」により、遺伝子に匹敵する情報保存性をもつようになった。これら言語と文字が、遺伝子の変化によらない人間活動の発展の基礎を形成している。

開発段階での試行錯誤

ここまで見てきたように、産業革命以後の人類活動の進歩は、様々な工業製品に依存してきた。多種多様な工業製品が生み出されては、消費者によって使用され、生産に用いられる。それにより、人類活動の進歩が引き起こされた。つまり、「人類は進化したわけではなく、工業製品によって進歩してきた」といえる。

では、産業革命以降の人類の生活は、なぜ加速度的に進歩しているのか。それは、様々な製品がすさまじい速さで開発されているからである。製品を開発する段階では、様々な試作品を製造する。試作品製造のためには、様々な技術をテストする。製品を大量生産して販売することと比べて、はるかに短いサイクルで試作品を試していることになる。

試作品開発会議では、開発者間での議論も行われる。開発者によって様々なアイデアが提案され、他のメンバーによって批判される。試作品開発の過程で、アイデアの取捨選択も行われる。このプロセスは試作品開発の期間中、何度も繰り返される。こうした試行錯誤が、工業製品開発の圧倒的な速さの裏には存在している。

市場による選択

試作品開発者の頭の中でも、試行錯誤が繰り返し行われている。試作品開発段階で、個々の開発者の頭の中では「あーでもない、こーでもない」といった思考が高速で行われる。この頭の中での「あーでもない、こーでもない」という試行錯誤は、ほとんど無意識に起きる数秒の思いつきから、何時間あるいは何日にもわたる熟慮まで多種多様だ。その間に頭の中に浮かんだアイデアを知識や経験と比較し、それの善し悪《あ》しを意識的、あるいは無意識に検討する。そのときの思考速度は、試作品のテストと比べても格段に速い。

試作品開発では、それまでに得られた知識や経験をもとに検討が行われる。これらの知識や経験は、科学と技術の体系に裏付けられている。

科学と技術の進歩が試作品の製造速度や、個人の頭の中での検討頻度を加速している。科学や技術が進むことで、試作品の設計が効率化できる。科学や技術の発展により、製品の製造も効率よく行うことができるようになった。つまり、人類は動物としてはほとんど進化していない時間内で、こうした方法で生活環境を非常に速く進歩させてきた。

動物の進化とは、常に変化する環境の中、様々な変異をもつ個体間で、より適応したものが選択される過程であった。一方、人間は様々なアイデアが、まず頭の中で生まれ、それを数人のあいだで議論し、次いで試作品をつくり、さらには製品として市場で試される。そうした市場の選択により、生活を進歩させてきたといえるだろう。しかも、そのサイクルは、科学と技術の進歩により日々加速している。こうしたプロセスが、動物の進化と比べてはるかに速い進歩を、人間の生活に引き起こしている。

統合的な計画は必要ない

さて、これら工業製品の開発者は、その知識と才能、技術を生かして、最も有効となる生産方法を日夜研究している。開発計画を進めるうえで、個々の研究者は合理性を追求する。同じく、研究資金を投入する国や民間企業、投資家もまた、最も効率的な投資先を選択している。しかし、ここで世界における工業製品の開発計画を誰か、あるいはどこかの国際機関が策定しているかというと、そういうわけではない。各国はそれぞれ最適と思われる計画に従って研究費を配分し、各投資家が最適と思う投資を行い、各企業は最適と思われる投資戦略をとっているにすぎない。

つまり、人類全体を眺めたとき、人間は様々な工業製品をそれぞれの集団の判断に基づいて開発しているにすぎない。そこに統合的な計画などはない。これを、「人類は考えない」というのは言いすぎであろうか。

ただ一言つけ加えると、おそらく多くの場合、何かを開発するとき「計画を立てない」というのが最善の計画かもしれない。もちろん、わかる範囲で合理的な計画を策定したほうが、何事も効率がいいというのは理解できる。しかし開発というのは、まだ何が最善かわからない段階で進まざるを得ない、という側面がある。したがって、最適な方法は「それが完成するまでは、わからない」。

最適な方法がわからない段階では試行錯誤、すなわち様々な可能性を試すことが最も重要である。様々な可能性を試すことこそ、「考えない」の意味するところなのだ。様々なことを試す段階でも、もちろん事前にわかる善し悪しや、実現可能性の高さは考慮する必要がある。しかし、よくわからないことに対しては、ともかくも試してみることが、必要かつ最善手である。「わからない」にもかかわらず、あたかも「わかっている」かのごとく計画するのは不可能であるどころか、最適な解を見つけるためには有害とすらいえる。それは、あらかじめ「計画」することで、「考慮する範囲」を限定することになるからである。すなわち、そのことによって最適解から遠ざかってしまう。

この点で、科学や技術の研究計画には注意が必要である。まだ見通しがよくわからない状態で、狭い範囲に対して重点投資を行うと、よりよい開発を逃してしまう可能性がある。

工業社会の未来

急速に進歩する工業社会、情報社会の未来はどうなるのか。未来の予測はそう簡単ではない。未来予測が困難なのは当然である、それは「わからない」ことが、たくさんあるからだ。

人類社会の変化が動物の進化と同様に、その時々の適者が選択されることで起きるとすれば、その時々の変化は予想可能だ。しかし、実際に起きる変化には多数の試行錯誤と、そこに関与する偶然の余地が大いにある。

「多数の試行錯誤と、そこに関与する偶然の余地が大いにある」ということを前提とするならば、不確実な人類の変化の方向性は考えないほうがよいだろう。そもそも考えても「わからない」のだから。しかし、これまでに起きてきたことの延長線上での発展方向であれば、ある程度は予想可能である。

スマホは人間の眼や耳に近づいている

たとえば、スマホには眼（カメラ）があり、書かれた文章を読み込み、それを翻訳することも、すでに可能となった。外国語の言葉を音声入力して文章化し、翻訳して発音する自動翻訳アプリも実現した。つまり、本質的部分においては、ＡＩが「文字を読む」「話を聞く」「言葉を話す」ということを、すでにスマホで実現している。

また、現時点では子供用のおもちゃ、もしくは病院などでの介護を目的とした装置ではあるが、人の話を聞いて、それに対応する「擬似的な会話」のできる装置も開発済みである。「擬似的な会話」が、どの程度人間に近い会話なのかは議論の対象となっているが、近いうちに会話を聞いても、それが「人との会話なのか、機械との会話なのかわからない」というような事態が訪れるだろう。つまり現在のスマホは単なる機械にすぎないが、その眼（カメラ）や耳（マイク）や音声（スピーカー）が演算素子、ＡＩを用いた対応能力を通して、人の眼や耳や会話に近づいている。

人工聴力、人工視力、義手の進歩

とはいっても、スマホは手にもって操作する機械にすぎない。ところが、マイクで拾った音声を変換して、患者の脳細胞に直接伝える装置はすでに開発されている。こうした技術により、聴覚を失った患者がその能力を取り戻すことも可能となった。

小型カメラで撮像した画像を、視覚を失った患者の脳へ伝えることにも、人類は成功している。これはカメラで取り込んだ画像を電気信号に変換し、視神経に直接伝えるという技術である。まだ素子の少ない粗い画像ではあるが、今後さらに細かい解像度の装置の開発が期待される。

義手の開発は「どのように機械的に駆動させるか」と、「どのような方法で制御するか」という二つの側面からの研究が進んでいる。実際、手や指の細かい動きを再現して、コップや軟らかい果物をつぶさずにもつような繊細な機能も開発された。

さらに重要なのは、神経接続技術の開発である。失われた手や足のまだ残された神経の信号を拾って、その信号により義手や義足を動かす技術はすでに開発されており、まだ試験段階ではあるが、諸外国ではすでに実用化されつつある。こうした神経に接続する視覚、聴覚、触覚、運動能力は、実現しつつある未来といえるだろう。

ドローン技術

ドローンの飛行とその制御技術はすでに成熟しており、次の課題は「ドローンの自動制御」の段階へと進んでいる。障害物を避けながら目的地へ向けて自動的に飛ぶ。そのような未来が到来するのも、そう遠くないだろう。飛ぶトリや他のドローンなど、動く障害物を避けるのも、技術的には自動車の自動運転と本質的には変わらない。つまり、開発可能ということだ。

発着の場所をどうするかという問題はあるが、おそらく必要に応じてヘリポートのような場所を設定するのだと考えられる。ヘリポートは超小型でよいので、ビルの屋上や少し広めのベランダなどに設置可能だろう。

誰もが利用できる公共のドローンポートとしては、コンビニの駐車場か屋上あたりがよいかもしれない。すでに利用されている宅配のコンビニ受け取りの運用と考えれば、すぐにでも開始できそうだ。

ヒト型ロボットはいつ生まれるか

ロボットは製造業においては、すでに実用化されている。自動車産業をはじめとする様々な製造業で、ロボットは早くから利用されてきた。しかし、製造業のロボットは「顔をもたないロボット」であり、ヒト型でもない。商品の製造を目的とした作業には適しているが、たとえばコンビニでキャッシャーの仕事を行い、棚の商品を補充し、ホテルの受付をこなすような汎用ヒト型ロボットの開発は、もう少し時間がかかるだろう。

一方、イーロン・マスク（電気自動車大手テスラや宇宙開発企業スペースXの創業者）は、開発中のヒト型ロボットを公開した。そのヒト型ロボットは、まだ動きがぎこちないものの、手を自由に動かしバランスを取りながら二足歩行していた。ヒト型ロボットの開発では、柔軟で安定した素早い動きの実現、つまり動きの制御が一つの課題である。また、何か突発的な事態に遭遇しても自動的な判断で安全に対処できる、そうした対応能力を備えることも課題である。

いずれの課題も解決するのは簡単ではないが、ＡＩの得意とする分野であり、それほど本質的な困難はない。遅かれ早かれ、実現する未来といえそうである。

クローンと食肉生産

クローンというのは、「完全に同じ遺伝子の組み合わせをもつ生物の、複数の個体」を指す。生物のもつ全遺伝子の組み合わせはゲノムと呼ばれるので、「同じゲノムをもつ複数の個体」がクローンといえる。

人工的に動物のクローンをつくる技術は近年になって誕生したものだが、クローンそのものはそれほど目新しい存在ではない。たとえば地下茎が伸びて生える竹や笹は、竹藪《たけやぶ》が一つの個体、すなわちクローンである可能性が高い。世界中に広がった桜の木、ソメイヨシノもまたクローンといってよい。ソメイヨシノは挿し木で増えていくので、まったく同じゲノムをもっているからだ。蘭もまたクローンで増やした株が、多数出回っている。

では、動物のクローンはどうか。品質のよい食肉やタマゴを取るための家畜、牛やブタ、ヒツジやニワトリがクローンで開発されると予想されていたが、そうした技術は今のところ研究段階である。

これら食用の家畜は、クローンであるかどうかにかかわらず、本質的な問題を抱えている。それは、家畜による食肉生産をエネルギー効率、あるいは必要とされる水の量で見た場合、穀物よりもはるかに効率が悪いからである。牛肉1キログラムの生産に必要な穀物の量は、トウモロコシ換算で11キログラム、同じく豚肉では6キログラム、鶏肉では4キログラムとなる。

1キログラムのトウモロコシを生産するには、灌漑用水として1800リットルの水が必要である。一方、牛はこうした穀物を大量に消費しながら育つので、牛肉1キログラムを生産するには、1万4400リットルもの水が必要となる。

また、穀物生産が「二酸化炭素を吸収して、酸素を排出する」という温暖化抑制効果があるのに対し、家畜による食肉生産は温暖化促進効果をもつという点も問題だ。とくに牛とヒツジは、腸内にメタン菌を共生させている。

牛とヒツジの腸内のメタン菌から発生するメタンガスは、全地球でのメタン発生量の23パーセントにも及ぶ（UNFCCC. Greenhouse Gas Inventory Data 2015）。メタンガスは二酸化炭素と比べて、数十倍の温暖化効果がある。

地球環境を考えるならば食肉をやめるのが最も効果的だが、そもそも家畜に頼らない食肉生産の研究が進められている。家畜に頼らない食肉生産には、いくつかの方法がある。主な技術としては、植物由来（麦や大豆）のタンパク質を用いて疑似肉を製造する方法や、食肉中の増殖可能な細胞（幹細胞）を培養して疑似肉（培養肉）を製造する方法、さらには微生物にタンパク質を合成させてそこから疑似肉を製造する方法が挙げられる。日本でも植物由来のタンパク質を用いた疑似肉が販売されており、シンガポールでは培養肉の食品としての消費もはじまっている。

これらの技術は開発されてからまだ間もない、もしくはまだ開発途上の段階で、今後それぞれの方法の高度化と選別が起きることが予想される。おそらく遠からず、家畜に頼らない食肉生産が実現するだろう。

クローン技術とヒト

ヒトのクローンは倫理的な理由で、その研究と作製が禁止されている。先述したように、ヒトのクローンは完全に同じ遺伝子の組み合わせ、ゲノムをもつ複数の個体のことを指す。

ゲノム的にはヒトの一卵性双生児もクローンに相当するが、双子の二人はまったく別の人格をもっており、それぞれ独立した個人である。また、もし仮にある個人のゲノムを用いて、その人のクローンが作製されたとしても、現実には親子ほど年の離れた双子の片割れが誕生するにすぎない。クローン作製に利用されたゲノムをもつ個人にとって、それがどれだけ意義があるのかは不明である。

先述したように、個体としてのクローンには倫理的に大きな問題があるが、体細胞クローン技術、すなわち皮膚の培養や移植といった治療はすでに行われている。将来的には歯や肝臓、腎臓、心臓などの組織や臓器を作製して移植する技術や、脊髄や脳の細胞を再生する技術が実現するかもしれない。

人々の多くが希望するのは長生きであって、おそらく自分のコピー（クローン）の作製ではない。移植用臓器の製造や、衰えたもしくは失われた組織の再生が可能になれば、それで多くの人の希望は実現するだろう。

アンドロイドの完成は近い

サイエンスフィクションに登場するアンドロイドやヒト型ロボットは、個々の小説あるいは映画によって様々なバリエーションとして描かれている。たとえば、映画『ターミネーター』シリーズに登場する人造人間の骨格は超高強度の金属でつくられ、動力もすべて金属製駆動装置となっているが、皮膚には培養細胞からなる人工皮膚が使われていた。意識はあらかじめプログラムされており、電子頭脳に記録されている。

アメリカのSFテレビドラマ『ウエストワールド』に登場するヒト型ロボットは、金属の骨格をもってはいるが、駆動装置は有機成分からなり、それを人工皮膚で覆っていた。意識はプログラムされているが、大人に成長するまでの記憶は、製造者や他のヒト型ロボットとの会話によってすり込まれていく。

この2作品のヒト型ロボットは人工皮膚に覆われており、見かけ上は人間と区別がつかない。しかし、有機物か金属かの違いはあっても、駆動部は完全に人間によって製造され、電子頭脳のプログラムとして高度な知的能力をもつ。こうしたアンドロイドの完成は、近い将来に実現するだろうか。

人間の脳が行う具体的な能力に基づいて、考えてみよう。たとえば会話をするだけであれば、AIはすでに実現可能といえる。

会話はAIの得意分野である。多数の会話データを入力して、その傾向を分析することによって相手の話に呼応した返事をする。そうした行為であれば、技術的には可能となりつつある。ただ、会話に基づいて行動を起こすとなると、単なる動作の制御を超えた「意思決定」ともいえる能力の分野に近づく。とはいっても、すでに実現しているテクノロジーの延長線上の技術で実現可能なはずなので、「意思決定」をAIで行ううえでの困難は、それほど多くないだろう。現時点では、アンドロイドやヒト型ロボットの製造はフィクションの世界の産物でしかないが、遠くない将来には実現可能といえる。

記憶の読み取り

その一方で、実現の可能性がいまだ見通せない技術領域も存在する。それは人間の脳の考えや意識、記憶を読み取る技術である。

脳の中での信号の伝達が「シナプス」と呼ばれる神経接続によって行われていることや、記憶や思考が新しいシナプスの形成によって行われていることはすでにわかっている。また脳では各部分ごとに、高次神経活動の様々な分業と連携が行われている。こうした脳の各部における役割や機能の違いに関しては、かなりの部分が解明されてきた。

しかし、それを統合する認知や、それを自身で知覚すること、また感情的・論理的思考の仕組みについてはわかっておらず、今後の大きな課題となっている。これらの仕組みが解明されていない段階では、人の思考や意識、記憶を読み取ることは不可能である。

サイエンスフィクションの世界では、頭に電極をつけたり、脳に電極を差し込んだり、眼底を撮像したりして、人間の頭の中を読み取るような場面が描かれている。しかし、これらの方法で他者の意識や記憶を読み取ることができるとは到底思えない。近年、磁気共鳴映像法（MRI）によって脳のどの部分の血流が増えたかを調べることができるようになった。しかし、その解像度はセンチメートルよりも低いものでしかない。

たとえばネズミの場合、脳のすべての神経活動を顕微鏡レベルで撮像しようとする研究が、現在行われている。しかし、ヒトの脳で同じことをしようとしても不可能である。ヒトの脳はネズミよりもはるかに大きく、光学顕微鏡の視野の限界を超えているからだ。

さらに外科的に頭蓋骨を除去して脳を見なければならないなど困難な点が多く、現状での実現可能性は低い。むしろＭＲＩの解像度が、現状のセンチメートルからマイクロメートル単位にまで上がって、ミリ秒での経時観測が実現するようになれば、脳の思考機構が解明でき、個人の意識や記憶を読み取れるようになるかもしれない。

記憶複写による意識の複写

サイエンスフィクションの世界では、個人の意識や記憶をコンピューターに保存し、その個人の人格をコンピューター内で複製するという未来が描かれる。先に述べたように、現在はまだ人の意識を脳から読み取るといった技術の完成は見通せないので、その意識をコンピューターへ保存することも不可能である。

それでも、ある個人の記憶と意識を読み取ることができたとするならば、原理的にはそれをコンピューター内に保存することは可能である。その結果、コンピューター内に人格が誕生するかもしれない。その可能性は十分ある。

ヒトの意識が脳内の様々な本能や記憶、感情や思考で形づくられたものだとすれば、コンピューター上での再現も可能なはずだ。また、ある個人の思考が、その時点で入力される眼からの画像、文字情報と皮膚感覚、音波、臭覚、味覚を過去の記憶と組み合わせて判断し、意思決定し、行動しているとすれば、ヒト型ロボットに感覚受容装置を取りつけてその信号を入力すれば、コンピューターによる意思決定も可能と思われる。

しかし、これをもって「個人の人格が、本人から移転した」といえるかと問われれば、非常に疑わしい。個人の人格が本人からヒト型ロボットへ複写されるが、それ以後、複写された人格はヒト型ロボットの意識として、もとの本人とは別の「人生」を歩みはじめるからだ。

これらは、ある意味「クローンの作製」に似ている。クローンの場合、仮に大人のゲノムからクローンを作製したとすれば、その大人と同じゲノムをもつ子供（の年齢の個人）が誕生する。その子供は、もとのゲノムを供給した個人とはまったくの別人格であり、もちろんまったく別の人生を歩むだろう。

同じようなことが、記憶を複製されたヒト型ロボットにもいえる。ある個人の記憶を複製されたヒト型ロボットは、自分がかつてヒトだった頃の記憶をもちつつ、ヒト型ロボットとしての新しい人生を歩みはじめる。

もし、記憶提供者に会うことがあれば、完全に同じ記憶を、お互いに懐かしく話し合うはずだ。しかし、出会った時点における両者の境遇はまったく異なる。

記憶提供者は肉体をもつ個人として、もう一方はヒト型ロボットとして存在している。人格複写後に、異なった人生を歩んできた二人（正しくは一人と一体）は、これまでの人生でどちらが幸せだったか、その損得を相互に話し合うことになるであろう。つまり、そのとき記憶を提供した個人と、記憶を提供されたヒト型ロボットは別人格になっている。

そうなると記憶を提供した個人にとって、人格を複写する意義はあるのだろうか。あるいは、記憶を提供した個人は、複写されたヒト型ロボットの人生をどう感じるだろうか。

ヒト型ロボットは故障した部品を交換さえすれば、永遠に生き続けることができるかもしれない。記憶情報の複写によって死なない人格となったヒト型ロボットの人格が、「自分は幸せ」と感じるかどうかまでは、ここでは踏み込まない。しかし、いずれにせよ記憶の複写が、個人にとって意味があるとは思えない。

唯一あり得る可能性は、何かの理由で余命あとわずかになった人が、自分の記憶をヒト型ロボットに移植することくらいであろう。自分の記憶がヒト型ロボットの人格として残ることを心の安らぎとして、安らかに亡くなる心の準備をするということはあるかもしれない。

機械による支配の可能性

サイエンスフィクションの世界では、「機械に支配された社会」が描かれることもある。映画『マトリックス』では、コンピューターのプログラムによって支配された機械文明が、電力源として人類を「培養」する。アメリカのテレビドラマ『バトルスター・ギャラクティカ』では、機械文明によって地球が襲撃され、人類は宇宙船団を組んで機械文明の追撃から逃れようとする。映画『ターミネーター』シリーズでは、自我をもったインターネット「スカイネット」が、ドローンやアンドロイド「ターミネーター」を設計・製造して、人類の抹殺をもくろむ。

こうした機械によって支配された世界が誕生するかといえば、今のところ可能性は低い。これらの世界が実現するためには、「何らかの意思」が人類の支配あるいは抹殺を目指して、材料の生産・運搬から機械の設計・製造、その使用までを制御する必要がある。そうした「何らかの意思」を、仮に人間がコンピュータープログラムとして設計するとしても難しい。いわんや、そのような「何らかの意思」が、コンピューターやインターネット上に自然に発生することなどあり得ない。

それでも現実に起こり得るのは、「誰か人間の個人あるいは集団」が制御コンピューターをハッキングして制御権を奪うという場合であるが、今のところそのような「超能力ハッカー集団」は出現していない。つまり、近い将来を含め、「機械に支配された世界」が人間の関与なしに、自然に誕生する可能性は低そうである。[*11]

＊11　いくつかの国では、他国の重要インフラに対してハッキングを試みることが行われているが、その目的は人類抹殺ではないと思われる。

人類に未来はあるか

ここまで、現在のテクノロジーの延長線から想定できる範囲で、未来の可能性を検討してきた。結論として、機械に支配される世界や、コンピューターに意識を複写した個人が永遠に生きられるような社会が誕生する確率は今のところ低い。ただし、身体の一部や全部を、人工臓器あるいはクローンで作製された臓器に置き換えて寿命を延ばすということはあるかもしれない。iPS細胞による再生医療の研究が進んでいることからも明らかなように、見方によってはすでに多くの人がそうした考えを受け入れているともいえる。

一方、サイエンスフィクションの世界には、核戦争の勃発、環境破壊による生存環境の喪失といった悲観的な未来も描かれている。非常に残念なことに、これまでの延長線で考えると、これらが起きないと言い切るのは難しい。

近年のウクライナや北朝鮮での出来事は、誰か一人の思い込みや考え間違い、自暴自棄によって核戦争がはじまり、人類の生存が脅かされるという可能性を気づかせた。温暖化の進行による環境破壊に関しては、誰か一人の間違いや勘違いではなく、誰もが理解しているにもかかわらず、その進行を止められないという現実が続いている。

全地球的な核戦争が起こった場合、人類の1割程度、主に大都市住民が最初の一撃で消滅するだろう。ただし、残された大部分の人類にも、これまでとはまったく違った過酷な生活が待ち受けている。

個人の生活は世界的な食料生産や、エネルギー生産、工業生産、情報流通のシステムに依存している。エネルギーや食料、工業製品、医療などのサービスの供給がなくなれば、個人の生活は確実に脅かされる。システムの一部分でも破壊されてしまえば、人類は弱い部分から順番に生活が困難になっていく。

そうした現実は、すでに起きている環境破壊や新型コロナウイルスのパンデミックなどにより、誰の目にも明らかになった。様々なシステムの大規模な破壊は、人類の生活を50年前、100年前、あるいはもっと以前に戻してしまうかもしれない。

「最後の審判」としての自然選択

温暖化を止められない場合、人類は環境の大変動に見舞われることになる。温暖化は徐々に起きるので、その進行の度合いを把握することは難しい。温暖化の影響は、単なる気温上昇だけではない。温暖化によって海水温が上昇し、日本では集中豪雨、大型台風が増加したといわれている。地球規模で見るならば、海水面の上昇によって、海抜の低い地域での土地の浸食と洪水が起こっている。あるいは温暖化にともない、世界各地での干ばつ、さらには低緯度地域での砂漠化が進んだ。

この大変動に遭遇するのは、人類を含むすべての生物である。引き起こされた環境変動に対応した生物は生存の確率が高く、対応できない生物は生存の確率が低くなる。これら大変動の危機にさらされるものには、我々が依存している農林畜産物も含まれている。穀物が生育できないほどの環境悪化が起きれば、それに依存している人類の生存も困難に直面する。

環境悪化が続くと、変化に弱い生物種から順番に生存が脅かされていく。人類の行動によって引き起こされる現象なので、純粋に「自然」選択とはいえないかもしれないが、生存する種が多数の中から選択されるという点では、自然選択と同じ仕組みが地球上の全生物に働くことになる。

もっとも、生命が引き起こした大量絶滅はこれが初めてではない。今からおよそ24億〜21億年前、シアノバクテリアは地球の酸素濃度を約100倍も上昇させた。これが当時の嫌気性微生物の大量絶滅を引き起こした可能性が高い。

それ以前に地球を支配していた嫌気性微生物の多くは酸素耐性が低く、地球の酸素濃度の上昇によって死滅してしまったはずである。一方、100倍もの酸素濃度の上昇を引き起こしたシアノバクテリアは、その環境下を生き残った。

人類は自らが引き起こした気候変動の中でも、大量絶滅を免れて生き残ることができるだろう。しかし、生き残った人類の生活も安泰ではない。人類は地球温暖化の道程を、どこまで行けば引き返すことができるのか。あるいは破局的な戦争を避けることができるのか。我々の知的能力が試されている。

おわりに

本書は宇宙のはじまり、星のはじまり、元素のはじまり、地球のはじまり、生命のはじまりから、生命の進化と人類の文明史までを短くまとめたものである。

生命進化は、ダーウィンの自然選択でほとんどすべて理解することができる。遺伝の仕組みの解明によって、ダーウィンの発見は裏付けられている。一つだけダーウィンの時代には予想もしなかったことがある。それは生命の大量絶滅である。

ダーウィンも「時々変化する生存条件の中で」と生存条件が変化することを考慮に入れているが、大量絶滅までは知らなかった。それでは大量絶滅は自然選択ではないかというと、大量絶滅の最中にも、その後の適応放散でも自然選択が起きている。つまり、生物進化史はほとんどすべて自然選択によっていると考えてもよさそうである。

本書の試みの一つは、人類文明史もダーウィンが発見した進化の仕組みで理解できるかもしれないという検討である。石器から人工知能にいたる技術の進歩は、結局は試行錯誤の結果なのではないかという作業仮説である。まだきちんと検討されているわけではないので、現在のところは作業仮説と思っておいたほうがよいだろう。

試行錯誤という点で見ると、生物の身体がどのような元素でできているかということも試行錯誤の結果と言えそうである。さらに人類がどのような元素を使って道具をつくったかということも試行錯誤の結果と言えそうである。

本稿を執筆するにあたって、多くの提案を集英社インターナショナルの本川浩史さんにいただいた。とくに元素を主題の一つにするというのは彼の提案である。

この提案によって、情報とそれを支える元素という形で、生命史が重層的なものになった。脱稿後も本川さんと集英社インターナショナルの校正者に私の知識の不備を指摘してもらった。これらの方々に感謝する。

本稿は新型コロナ感染症が広がる中で書きはじめ、ロシアのウクライナ侵攻がはじまってから書き終わった。生命は姿形を変えつつ、連綿と続いていくのであろうと私は考えている。

ところが、この二つの出来事と地球の温暖化によって、楽観論だけで将来を予測することが不可能になってしまった。人類も生物がもつ進化の仕組みを逃れることができない。41億年間続いてきた地球生命が、さらに連綿と続くとよいのだが。

2023年3月吉日
山岸明彦

主要参考文献

・『鉄の歴史と化学』田口勇著、裳華房（1988）
・『ウォーレス現代生物学』ロバート・A・ウォーレスほか著、石川統ほか訳、東京化学同人（1991）
・『藻類30億年の自然史　藻類から見る生物進化・地球・環境　第2版』井上勲著、東海大学出版会（2007）
・『宇宙生物学入門　惑星・生命・文明の起源』ペーター・ウルムシュナイダー著、須藤靖ほか訳、丸善出版（2012）
・『アストロバイオロジー　宇宙に生命の起源を求めて』山岸明彦編、化学同人（2013）
・『生命はいつ、どこで、どのように生まれたのか』山岸明彦著、集英社インターナショナル（2015）
・『宇宙生命論』海部宣男、星元紀、丸山茂徳編、東京大学出版会（2015）
・『人工知能は人間を超えるか　ディープラーニングの先にあるもの』松尾豊著、KADOKAWA（2015）

・『アストロバイオロジー　地球外生命の可能性』山岸明彦著、丸善出版（２０１６）
・『サピエンス全史　文明の構造と人類の幸福』ユヴァル・ノア・ハラリ著、柴田裕之訳、河出書房新社（２０１６）
・『細胞の分子生物学　第6版』ブルース・アルバーツほか著、中村圭子・松原謙一監訳、ニュートンプレス（２０１７）
・「全球凍結と大酸化イベント——地球大気はいかにして酸素を含むようになったのか」（『生物の科学　遺伝』71号、１１４～１２０ページ）田近英一・原田真理子著（２０１７）
・「総説：50周年記念　生命の起源に関してわかっていること：私の研究史」（Viva Origino 2021, 49, 6）山岸明彦著（２０２１）
・History of Life. 2nd ed. Richard Cowen. Blackwell Scientific Publications（1990）
・Colbert's Evolution of the Vertebrates 5th Ed. E. H. Colbert et al., Eds. John Wiley & Sons, Inc.（2001）
・Astrobiology: From the Origins of Life to the Search for Extraterrestrial Intelligence. A. Yamagishi, T. Kakegawa, T. Usui, Eds. SpringerNature（2019）

・https://04510.jp/times/articles/-/301?page=1
・https://www.sciencedaily.com/releases/2021/03/210318142451.htm
・https://en.wikipedia.org/wiki/Adelobasileus
・Solar System Abundances and Condensation Temperatures of the Elements. Katharina Lodders. Astrophysical J., 591, pp.1220-1247（2003）
・https://chem.libretexts.org/Bookshelves/Physical_and_Theoretical_Chemistry_Textbook_Maps/Supplemental_Modules_（Physical_and_Theoretical_Chemistry）/Chemical_Bonding/Fundamentals_of_Chemical_Bonding/Bond_Energies
・https://sites.coloradocollege.edu/pc357ml/2014/04/10/space-as-a-vacuum/
・https://scienceportal.jst.go.jp/gateway/clip/20200930_g01/
・D. E. K. Ferrier. Evolution of Homeobox Gene Clusters in Animals: The Giga-cluster and Primary vs. Secondary Clustering. Frontiers in Ecology and Evolution, Vol. 14, article 36（2016）
・https://stratigraphy.org/ICSchart/ChronostratChart2022-10.pdf
・Biodiversity: Past, Present, and Future. J. John Sepkoski, Jr.. J. Paleont., 71（4）, pp. 533-539

(1997)
・https://www.trilobites.info/triloclass.htm
・Report of the Task Group of Reference Man. Annals of the ICRP/ICRP Publication, vol. 23, p.327 (1975)
・https://www.britannica.com/science/human-evolution/Increasing-brain-size
・https://www.pri.kyoto-u.ac.jp/sections/langint/ai/ja/nikkei/18-2015-09-13.html
・https://www.pref.hokkaido.lg.jp/ks/bns/digest/7_syou.html
・https://gigazine.net/news/20190905-human-speech-information-rate/
・On the Origin of Species, 1st ed., p. 5. C. Darwin (1859)
・https://www.daviddarling.info/encyclopedia/E/elterr.html
・UN. The Determinants and Consequences of Population Trends. Vol. 1 (1973)
・UN. World Population Prospects: The 2004 Revision.
・https://history.physio/history-of-the-wheelchair/
・https://www.nda.or.jp/study/history
・https://www.enecho.meti.go.jp/about/whitepaper/2013html/1-1-1.html

・National Minerals Information Center. Commodity Statistics and Information.
・https://www.icinsights.com/news/bulletins/Transistor-Count-Trends-Continue-To-Track-With-Moores-Law/
・https://staff.aist.go.jp/a.ohta/japanese/study/REE_ex_bs.htm
・https://www.maff.go.jp/j/zyukyu/zikyu_ritu/ohanasi01/01-04.html
・https://www.fao.org/family-farming/detail/en/c/1300546/
・The Green, Blue and Grey Water Footprint of Farm Animals and Animal Products, Volume 1: Main report. M. M. Mekonnen, A. Y. Hoekstra. Value of Water Research Report Series No. 48 (2010)
・UNFCCC. Greenhouse Gas Inventory Data 2015

図版制作　タナカデザイン

山岸明彦《やまぎしあきひこ》

分子生物学者、東京薬科大学名誉教授。一九五三年、福井県生まれ。東京大学大学院理学系研究科博士課程を修了、理学博士。主な研究分野は極限環境生物、アストロバイオロジー、生命の起源と進化。国際宇宙ステーション・日本実験棟で、宇宙生物学に関する実験研究プロジェクト「たんぽぽ計画」の代表を務めた。主な著書に『生命はいつ、どこで、どのように生まれたのか』『対論！生命誕生の謎』（共に集英社インターナショナル）など。

元素《げんそ》で読《よ》み解《と》く生命史《せいめいし》

インターナショナル新書一二二

二〇二三年四月一二日 第一刷発行

著者 山岸明彦《やまぎしあきひこ》
発行者 岩瀬 朗
発行所 株式会社 集英社インターナショナル
〒一〇一-〇〇六四 東京都千代田区神田猿楽町一-五-一八
電話 〇三-五二一一-二六三〇
発売所 株式会社 集英社
〒一〇一-八〇五〇 東京都千代田区一ツ橋二-五-一〇
電話 〇三-三二三〇-六〇八〇（読者係）
〇三-三二三〇-六三九三（販売部）書店専用
装幀 アルビレオ
印刷所 大日本印刷株式会社
製本所 大日本印刷株式会社

 Printed in Japan ISBN978-4-7976-8122-2 C0245

インターナショナル新書

067

物理学者のすごい思考法

橋本幸士

超ひも理論、素粒子論という物理学の最先端を研究する学者は、日常生活でも独特の視点でものを考える。通勤の最適ルート、ギョーザの適切な作り方、エスカレーターの乗り方……。物理学の本質に迫るエッセイ集。

068

「腸内細菌」が健康寿命を決める

辨野義己

腸内細菌の研究にはウンチの入手と分析が欠かせない。約半世紀にわたってウンチと格闘し続けてきた著者の爆笑研究秘話とともに、腸内細菌と健康の関係や最新の研究結果が理解できるオモシロウンチエッセイ！

069

「現代優生学」の脅威

池田清彦

戦後、一度は封印されたはずの「優生学」が奇妙な新しさをまとい、いま再浮上している。その広がりに大きく寄与しているのが、科学の進歩や新型コロナウイルスである。優生学の現代的な脅威を論じる。

070

ウンチ化石学入門

泉賢太郎

太古の生物の足跡やウンチなどの化石を研究すれば生物と地球の歴史、宇宙の未来が見えてくる。ウンと深く、蘊蓄と含蓄に富むチ的なストーリーが潜んでいるのだ。ティラノサウルスのウンチ化石もチ的に解釈する。

インターナショナル新書

071
病と妖怪
――予言獣アマビエの正体
東郷 隆

病除けの妖怪「アマビエ」や幸せを呼ぶ瑞獣など幻の生物たちを紹介。流行病や災害の際に日本人は妖怪たちとどのような関係を結んで来たのか、江戸から明治の瓦版などに描かれた絵とともに考える。

072
ランボーはなぜ詩を棄てたのか
奥本大三郎

一九世紀フランスの天才詩人アルチュール・ランボー。二〇歳で詩作を棄てるまでの半生を、著者による詩の新訳とともに追う。そして難解な散文詩「イリュミナシオン」から「詩を棄てた理由」を読み解く、意欲作。

073
あなたの隣の精神疾患
春日武彦

身近な精神疾患の数々と、その対応法が理解できる入門書！　双極性障害や統合失調症から、承認欲求や共依存などまでを、興味深いエピソードを交えて解説する。周囲と自分の生きやすさに繋がる一冊。

074
ルポ 日本のＤＸ最前線
酒井真弓

日本再生の鍵と言われる〝ＤＸ（デジタルトランスフォーメーション）〟。その実態とは？　官民の枠を超えて「ＤＸの最前線」に立っている人々を取材。その足跡から「真のデジタル化」への道筋を探る。

インターナショナル新書

075

ゴミ清掃芸人の働き方解釈

滝沢秀一
田中茂朗

今、必要なのは改革よりも解釈だ！　お笑い芸人とゴミ清掃人というダブルワークを実践する著者がたどり着いたのは数々の「働き方解釈」だった。それは働くことについて悩み考える、すべての人へのヒントとなる。

076

明治の説得王・末松謙澄

言葉で日露戦争を勝利に導いた男

山口謠司

文章で日本を創り、日本を守った男、末松謙澄。大日本帝国憲法を起草し、渡欧して黄禍論に立ち向かうなど世界を舞台に活躍し、日本を近代化に導いた知られざる明治の大知識人の足跡を辿る。

077

アルキメデスの驚異の発想法

数学と軍事

上垣　渉

数学や物理学の理論を「軍事兵器」に活かす実現力と、天秤などのような機械学の知識を「数学」の理論へ活かす応用力を併せ持ったアルキメデス。その生涯を追いながら、豊かな発想力の根源に迫る。

078

カミュ伝

中条省平

コロナ禍において再び大きな話題を呼んだ『ペスト』の作者アルベール・カミュ。彼の波瀾に満ちた生涯と思想・哲学、『異邦人』などの代表作を徹底的に論じる。フランスを代表するノーベル賞作家の決定版評伝。

インターナショナル新書

079
あなたを救う培養幹細胞治療
辻 晋作

次世代成長戦略のひとつとして実用化が促進され、身近な治療となりつつある再生医療。なかでも注目されているのが培養幹細胞治療だ。そのトップランナーが語る、再生医療の最前線と今後の展望。

080
DX時代に考えるシン・インターネット
村井 純
竹中直純

新創設、デジタル庁がやるべきことは? 「日本のインターネットの父」と「天才プログラマー」が、この国のデジタルの過去と未来、その「かたち」について語り尽くす。インターネットの未来はどっちだ!?

081
しごと放浪記
自分の仕事を見つけたい人のために
森まゆみ

編集者、地域雑誌『谷根千』発行人、書き手として今に至るフリーランスの日々。仕事の一本道、脇道、遠回りの道。思いがけない妊娠、出産、育児を抱え女の人生は割り切れない。切り開いてきた「しごと放浪」の道を自伝的に語る。

082
プロが語る胸アツ「神」漫画
1970-2020
きたがわ翔

「あの漫画のルーツはどこにあるのか」「萩尾望都『半神』が神作品の理由」「『鬼滅の刃』大ヒットの秘密」……。「日本一漫画に詳しい漫画家」が、漫画界に革命を起こした作家たちの作品とその表現方法を解説!

インターナショナル新書

インターナショナル新書

109
プーチン戦争の論理
下斗米伸夫

「特別軍事作戦」という名の「プーチンの戦争」が、世界を震撼させている。なぜロシアは、ウクライナへ侵攻したのか？　ロシア研究の第一人者が、新たな「文明の衝突」を解説。入門書にして決定版の一冊。

111
たくましい数学
九九さえ出来れば大丈夫！
吉田武

野心的な数学独学書。xやaなどの文字や公式を用いることなく、数字そのものと170点を超える図表によって高校数学を概観。九九から始めて大学入試問題に至るまで、テーマ間の関連と類似を基に話を進める。

116
捨て去る技術
40代からのセミリタイア
中川淳一郎

時代の先端から突如セミリタイアし、地方に移住。その行動はネット、スマホ、仕事、友人、家族との訣別であり、バカがあふれる日本を捨て、去り、切ることだった。著者の半自伝にして、捨て方の指南書。

117
異性装
歴史の中の性の越境者たち
中根千絵 他

性を越境する異性装になぜ我々は惹かれるのか？　古典文学、歌舞伎、シェイクスピアなどに登場する異性装の意味を読み解き、それらのアニメ、演劇、BLなど現代の文化、ジェンダーへの影響を考察する。

インターナショナル新書

118
あのSFはどこまで実現できるのか
テクノロジー名作劇場
米持幸寿

昭和から平成の人気SF作品に描かれた心躍るテクノロジーの数々を、現代の科学技術で検証。IT化、自動運転、AI技術、音声認識など、テクノロジーの現在地を、名作を振り返りながら検証していく。

119
孤独のレッスン
齋藤 孝
中条省平
ほか全17名

日常の中でふと感じる孤独はどこからやってくるのか。孤独に向き合った作家の評論や、冒険や山小屋生活から得た知見など、総勢一七名の著者が贈る、各人各様の孤独論！　孤独を愉しむためのヒントが満載の一冊。

120
英語の極意
杉田 敏

これからの英語学習で最も重要なのは、英語圏の人々が共有する「文化」を知ることだ。ギリシャ神話、聖書、シェイクスピアから、ことわざ、迷信、広告スローガンまで、豊富な実例と共に学ぶ。英語学習者必携の書。

121
亜宗教
オカルト、スピリチュアル、疑似科学から陰謀論まで
中村圭志

宗教研究者とたどる、人間の〝妄想力〟をめぐる旅路。「亜宗教」とは、「近現代に生まれた非科学的で宗教めいた信念や言説」を指す。亜宗教の数々を取り上げ、「人間にとって〝信じる〟とはどういうことか」を暴き出す。